见识城邦

更新知识地图　拓展认知边界

少年图文大历史

地球如何成为生命的基地

[韩]金一先 著 [韩]郑元桥 绘
赵春艳 译 邹翀 校译

中信出版集团 | 北京

图书在版编目（CIP）数据

地球如何成为生命的基地 /（韩）金一先著；（韩）郑元桥绘；赵春艳译 . -- 北京：中信出版社，2021.9
（少年图文大历史；5）
ISBN 978-7-5217-2938-2

Ⅰ . ①地… Ⅱ . ①金… ②郑… ③赵… Ⅲ . ①地球－少年读物 Ⅳ . ① P183-49

中国版本图书馆 CIP 数据核字（2021）第 044188 号

地球如何成为生命的基地
著者：　[韩] 金一先
绘者：　[韩] 郑元桥
译者：　赵春艳
校译：　邹翀
出版发行：中信出版集团股份有限公司
（北京市朝阳区惠新东街甲 4 号富盛大厦 2 座　邮编　100029）
承印者：　天津丰富彩艺印刷有限公司

开本：880mm×1230mm 1/32　印张：7　字数：120 千字
版次：2021 年 9 月第 1 版　印次：2021 年 9 月第 1 次印刷
京权图字：01–2021–3959　书号：ISBN 978–7–5217–2938–2
定价：58.00 元

服务热线：400–600–8099
投稿邮箱：author@citicpub.com

大历史是什么？

为了制作“探索地球报告书”，具有理性能力的来自织女星的生命体组成了地球勘探队。第一天开始议论纷纷。有的主张要了解宇宙大爆炸后，地球是从什么时候、怎样开始形成的；有的主张要了解地球的形成过程，就要追溯至太阳系的出现；有的主张恒星的诞生和元素的生成在先，所以先着手研究这个问题。

在探索过程中，勘探家对地球上存在的多样生命体的历史产生了兴趣。于是，为了弄清楚地球是在什么时候开始出现生命的，并说明生命体的多样性和复杂性，他们致力于研究进化机制的作用过程。在研究过程中，他们展开了关于“谁才是地球的代表”的争论。有人认为存在时间最长、个体数最多、最广为人知的“细菌”应为地球的代表；有人认为亲属关系最为复杂的蚂蚁才是；也有人认为拥有最强支配能力的智人才是地球的代表。最终在细菌与人类的角逐战中，人类以微弱的优势胜出。

现在需要写出人类成为地球代表的理由。地球勘探队决定要对人类怎样起源、怎样延续、未来将去往何处进行调查，同时要找出人类的成就以及影响人类的因素是什么，包括农耕、城市、帝国、全球网络、气候、人口增减、科学技术和工业革命等。那么，大家肯定会好奇：农耕文化是怎样促使人类的生活产生变化的？世界是怎样连接的？工业革命是怎样改变人类历史的？……

地球勘探队从三个方面制成勘探报告书，包括："从宇宙大爆炸到地球诞生"、"从生命的产生到人类的起源"和"人类文明"。其内容涉及天文学、物理学、化学、地质学、生物学、历史学、人类学和地理学等，把涉及的知识融会贯通，最终形成"探索地球报告书"。

好了，最后到了决定报告书标题的时间了。历尽千辛万苦后，勘探队将报告书取名为《大历史》。

外来生命体？地球勘探队？本书将从外来生命体的视角出发，重构"大历史"的过程。如果从外来生命体的视角来看地球，我们会好奇地球是怎样产生生命的、生命体的繁殖系统是怎样出现的，以及气候给人类粮食生产带来了哪些影响。我们不禁要问："6 500 万年前，如果陨石没有落在地球上，地球上的生命体如今会怎样进化？""如果宇宙大爆炸以其他细微的方式进行，宇宙会变成什么样子？"在寻找答案的过程中，大历史产生了。事实上，通过区分不同领域的各种信息，融合相关知识，并通过“大历史”，我们找到了我们想要回答的“宇宙大问题”。

大历史是所有事物的历史，但它并不探究所有事物。在大历史中，所有事物都身处始于137亿年前并一直持续到今天的时光轨道上，都经历了10个转折点。它们分别是137亿年前宇宙诞生、135亿年前恒星诞生和复杂化学元素生成、46亿年前太阳系和地球生成、38亿年前生命诞生、15亿年前性的起源、20万年前智人出现、1万年前农耕开始、500多年前全球网络出现、200多年前工业化开始。转折点对宇宙、地球、生命、人类以及文明的开始提出了有趣的问题。探究这些问题，我们将会与世界上最宏大的故事相遇，宇宙大历史就是宇宙大故事。

因此，大历史不仅仅是历史，也不属于历史学的某个领域。它通过开动人类的智慧去理解人类的过去和现在，它是应对未来的融合性思考方式的产物。想要综合地了解宇宙、生命和人类文明的历史，就必然涉及人文与自然，因此将此系列丛书简单地划分为文科和理科是毫无意义的。

但是，认为大历史是人文和科学杂乱拼凑而成的观点也是错误的。我们想描绘如此巨大的图画，是为了获得一种洞察力，以便贯穿宇宙从开始到现代社会的巨大历史。其洞察中的一部分发现正是在大历史的转折点处，常出现多样性、宽容开放、相互关联性以及信息积累的爆炸式增长。读者不仅能通过这一系列丛书，在各本书也能获得这些深刻见解。

阅读和学习“少年图文大历史”系列丛书会有什么不同呢？当然是会获得关于宇宙、生命和人类文明的新奇的知识。此系列丛书不是百科全书，但它包含了许多故事。当这些故事以经纬线把人文和科学编织在一起时，大历史就成了宇宙大故事，同时也为我们提供了一个观察世界、理解世界的框架。尽管想要形成与来自织女星的生命体相同的视角可能有点困难，但就像登上山顶俯瞰世界时所看到的巨大远景一样，站得高才能看得远。

但是，此系列丛书向往的最高水平的教育是“态度的转变”，因为通过大历史，我们最终想知道的是“我们将怎样生活”。改变生活态度比知识的积累、观念的获得更加困难。我们期待读者能够通过“少年图文大历史”系列丛书回顾和反省自己的生活态度。

大历史是备受世界关注的智力潮流。微软的创始人比尔·盖茨在几年前偶然接触到了大历史，并在学习人类史和宇宙史的过程中对其深深着迷，之后开始大力投资大历史的免费在线教育。实际上，他在自己成立的 BGC3（Bill Gates Catalyst 3）公司将大历史作为正式项目，之后还与大历史企划者之一赵智雄的地球史研究所签订了谅解备忘录。在以大卫·克里斯蒂安为首的大历史开拓者和比尔·盖茨等后来人的努力下，从 2012 年开始，美国和澳大利亚的 70 多所高中进行了大历史试点项目，韩国的一些初、高中也开始尝试大历史教学。比尔·盖茨还建议“青少年应尽早学习大历史”。

经过几年不懈努力写成的“少年图文大历史”系列丛书在这样的潮流中，成为全世界最早的大历史系列作品，因而很有意义。就像比尔·盖茨所说的那样，“如今的韩国摆脱了追随者的地位，迈入了引领国行列”，我们希望此系列丛书不仅在韩国，也能在全世界引领大历史教育。

李明贤　　赵智雄　　张大益

祝贺“少年图文大历史”系列丛书诞生

大历史是保持人类悠久历史，把握全宇宙历史脉络以及接近综合教育最理想的方式。特别是对于21世纪接受全球化教育的一代学生来讲，它显得尤为重要。

全世界范围内最早的大历史系列丛书能在韩国出版，并且如此简洁明了，这让我感到十分高兴。我期待韩国出版的“少年图文大历史”系列丛书能让世界其他国家的学生与韩国学生一起开心地学习。

“少年图文大历史”系列丛书由20本组成。2013年10月，天文学者李明贤博士的《世界是如何开始的》、进化生物学者张大益教授的《生命进化为什么有性别之分》以及历史学者赵智雄教授的《世界是怎样被连接的》三本书首先出版，之后的书按顺序出版。在这三本书中，大家将认识到，此系列丛书探究的大历史的范围很广阔，内容也十分多样。我相信“少年图文大历史”系列丛书可以成为中学生学习大历史的入门读物。

大历史为理解过去提供了一种全新的方式。从1989

年开始，我在澳大利亚悉尼的麦考瑞大学教授大历史课程。目前，以英语国家为中心，大约有50所大学开设了大历史课程。此外，在微软创始人比尔·盖茨的热情资助下，大历史研究项目团体得以成立，为全世界的青少年提供免费的线上教材。

如今，大历史在韩国备受关注。2009年，随着赵智雄教授地球史研究所的成立，我也开始在韩国教授大历史课程。几年来，为促进大历史在韩国的传播，我们付出了许多心血，梨花女子大学讲授大历史的金书雄博士也翻译了一系列相关书籍。通过各种努力，韩国人对大历史的认识取得了飞跃式发展。

“少年图文大历史”系列丛书的出版将成为韩国中学以及大学里学习研究大历史体系的第一步。我坚信韩国会成为大历史研究新的中心。在此特别感谢地球史研究所的赵智雄教授和金书雄博士，感谢为促进大历史在韩国的发展起先驱作用的李明贤教授和张大益教授。最后，还要感谢“少年图文大历史”系列丛书的作者、设计师、编辑和出版社。

2013年10月

大历史创始人　大卫·克里斯蒂安

David Christian

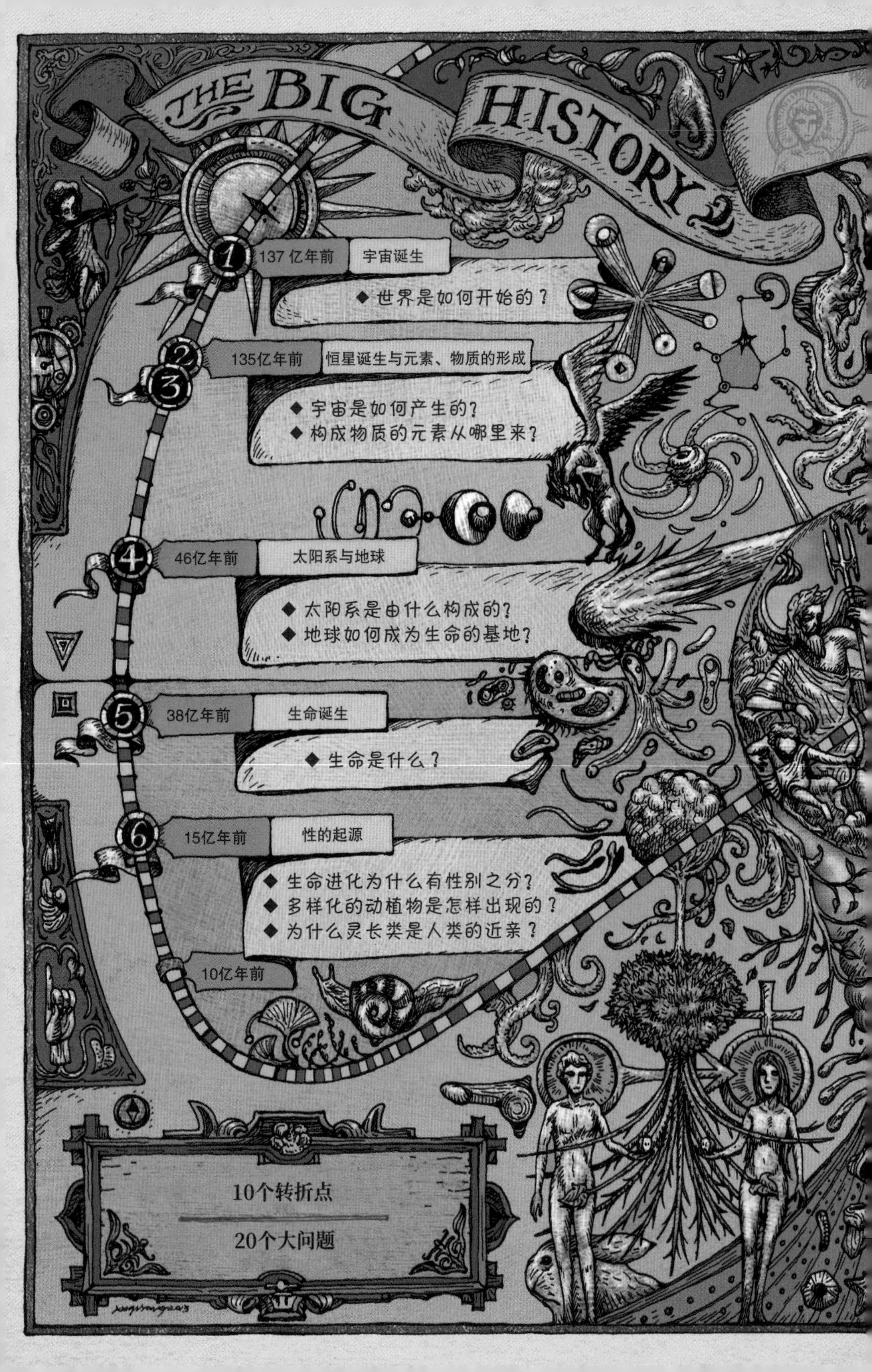
THE BIG HISTORY
1
137 亿年前
宇宙诞生
◆ 世界是如何开始的？
2
3
135亿年前
恒星诞生与元素、物质的形成
◆ 宇宙是如何产生的？
◆ 构成物质的元素从哪里来？
4
46亿年前
太阳系与地球
◆ 太阳系是由什么构成的？
◆ 地球如何成为生命的基地？
5
38亿年前
生命诞生
◆ 生命是什么？
6
15亿年前
性的起源
◆ 生命进化为什么有性别之分？
◆ 多样化的动植物是怎样出现的？
◆ 为什么灵长类是人类的近亲？
10亿年前
10个转折点
20个大问题

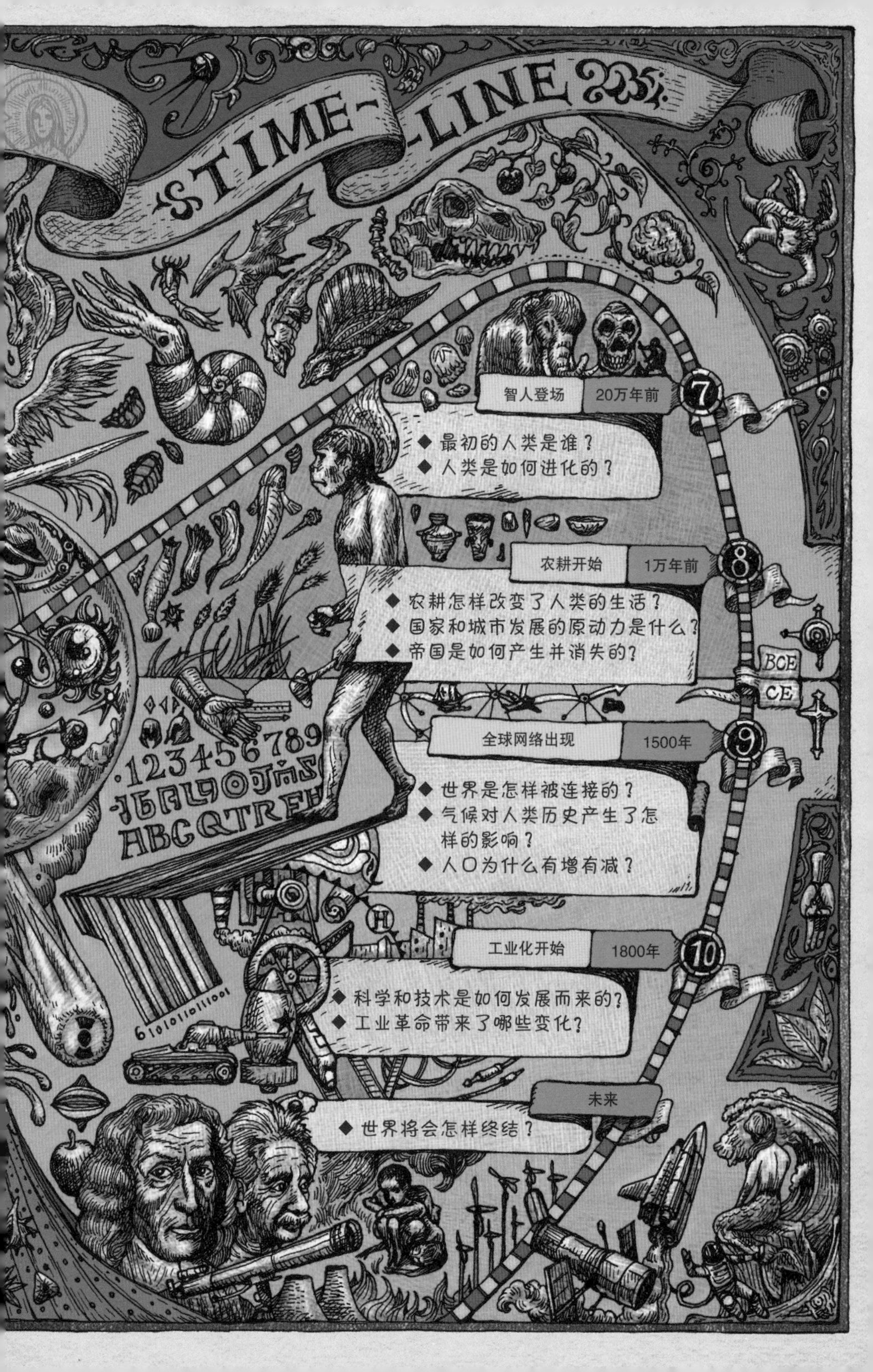
TIME-LINE
智人登场
20万年前
7
◆ 最初的人类是谁？
◆ 人类是如何进化的？
农耕开始
1万年前
8
◆ 农耕怎样改变了人类的生活？
◆ 国家和城市发展的原动力是什么？
◆ 帝国是如何产生并消失的？
BCE
CE
全球网络出现
1500年
9
◆ 世界是怎样被连接的？
◆ 气候对人类历史产生了怎样的影响？
◆ 人口为什么有增有减？
123456789
ABCQTREF
工业化开始
1800年
10
◆ 科学和技术是如何发展而来的？
◆ 工业革命带来了哪些变化？
未来
◆ 世界将会怎样终结？

目录

宇宙与人类

宇宙中的地球与月球

拓展阅读

3

地球和月球是如何诞生的？

4

地球和月球的内部什么样？

呼吸的地球

太远不好，太近不行

拓展阅读

行星撞地球

地球与月球的未来

好朋友的
金发女孩条件
同年级
歌手
学校
回家方向
爱好

我们保
护地球

你是一个有好奇心的人吗？

引言

对于那些新奇或者不了解的事物，我们总会想知道“为什么”。这种好奇心其实是一种非常宝贵的心理。这里所谓的“宝贵”，不是说必须有钱才能够拥有，而是因为它只有在我们本能的、基本的欲望得到满足之后才会产生。这就好比一个饥不择食的人，不大可能去思考饭菜是否好吃，两者的道理是一样的。

但是，文明的发展并非始于好奇心，它主要还是源于人类对生活舒适程度的追求。比如，人类发明炉子，是因为天气冷，而不是因为好奇。只有在人类对舒适生活的欲望得到满足之后，人类的好奇心才会启动。因此，相对于那些经济发展落后的地区，在经济发展良好或者文明程度较高的地区，人们的好奇心会表现得更加活跃，也发挥着更大的作用。我们向月球、火星或者更遥远的宇宙空间发射航天器，我们花数十年的时间研究原子的构造，我们努力发掘和保存祖先留下来的文化遗产。如果把人类的这些活动仅仅看作为了显示国家富裕或者科技先进，那就太幼稚了。人类之所以能在这些领域不断地向前发展，不只是因为人们对这些领域一直怀有浓厚的热情，也因为整个社会对于这些未知的领域一直怀有好奇心。

正因为如此，在解决了温饱问题之后，人类总喜欢思考一些诸如“人究竟是什么”这类貌似高深的问题。人类这一生命物种，在广袤的地球上随处可见。因此，即使在地球上的某一个地区或者某一个时期生活比较艰难，但总还是有其他一些地方生活富裕。也正因为如此，这些乍一听高深的问题，才能够在人类发展史中一直被讨论且从未远离。

在所有这些问题中，有一些问题会让我们感到既熟悉又难以回答，比如：“地球上为什么会有生命？”这种问题与“为什么我家住在 101 号而不住 108 号”这类问题完全不是一回事。因为就我们目前所了解的情况来看，宇宙中适合人类居住的地方只有地球这个“101 号”。科学探索其实就是一个凭借系统的、有逻辑的、坚持不懈的努力满足好奇心的过程。人类早就明白，要想找到上述问题的答案，就必须去努力了解地球这个行星为人类提供了怎样的环境，以及这样的环境是如何形成的，又为什么会形成等。同时，人类寻找这些问题答案的努力，一直贯穿于人类漫长的历史当中，并以科学探索的形式坚持到今天。

随着文明的发展、知识的积累，人类对地球、太阳系和宇宙的认识越来越深入。人类对宇宙了解得越深入，就越来越会认识到，人类及多种生命体所在的这个星球，它的自然环境并不是轻易出现的，而是由各种相当挑剔的自然条件，在经历各种奇妙组合、平衡之后，才能最终形成。

我们知道，宇宙中有无数个天体。但到目前为止，确定有生命存在的天体只有地球。当然，因为目前我们所了解的行星也没有多少，所以出现这种结果也是必然的。目前人类还在不停地寻找有生命存在的行星，我们谁都无法预测未来会有怎样的结果出现。

地球并不是与其他天体毫无联系、孤立地存在于宇宙当中的。它与周围的许多天体相互影响、互相作用。从这个层面来看，地球与一个生命体并无不同，因为生命体同样无法孤立存在。在对地球产生影响的这些天体当中，无论从哪个层面来说，太阳都是排在第一位的，太阳可以被看作地球的母亲。此外，人类还发现，如果想更全面地了解地球，就需要把离地球最近的月球也包括进来，把它和地球作为一对小伙伴来共同加以研究。这与我们人类一样。虽然我们每个人都受到父母很大的影响，但有时候，和我们走得最近的那个人（可能是朋友，也可能是恋人），对我们的影响并不次于我们的父母。从这一角度来说，了解地球与月球的形成过程，研究它们之间存在着怎样的关系，以及彼此之间怎样互相影响，就可以帮助我们更好地了解这个人类与所有生命体赖以生存的基地——地球。

当然，即使我们不了解地球这个生命基地，也无碍于我们每天在这里生活。即使不懂得这些，我们要做的事情依旧不少，因为好玩的事情太多了！从那些看上去很高深的问题闯进你脑海里的那一刻起，你就已经拥有了不是所有人都具备的宝贵情感——好奇心！只要你心里怀着这个“为什么”，就等于拿到了遨游知识海洋的旅行船票！

宇宙与人类

人类是如何看待宇宙并理解它的呢？

1

我们知道地球是球体。只要是现在在读这本书的人，都了解这一事实。但是，你怎么知道地球是球体的呢？也许你和许多人一样，或者是听说，或者从书本上了解到，地球是球体，如同我们了解到的其他大部分科学知识一样。表述得再严谨一点，我们是把听到或者读到的内容，加以自身判断理解之后，接受它并认可了它的正确性。但回过头来一想，我们自己就生活在地球上，我们居然能够发现地球是球体，这一事实本身多么让人惊叹！因此，身处宇宙当中，我们也希望了解宇宙是一个怎样的空间——这当然也是自然而然的事了。

人类眼中的宇宙

关于宇宙，我们过去与今日所了解的完全不同。那时候，人类眼中的宇宙就是天，是与地（地球）相对的一种存在。“天”这个字，在《千字文》第一句——天地玄黄——便出现了，可见其概念的产生历史非常悠久。但古时候人类关于宇宙的概念，是涵盖了除人类居住的土地之外的所有空间，这一认知与人类如今对天体汇集的宇宙以及宇宙空间的划分完全不同。

事实上，“地球”这一词汇，也是在我们知道了地球是一个球体之后才创造出来的。因此，与太阳、月球和星星等词汇相比，“地球”还是一个非常年轻的词汇。不管人类是否知道地球是球体，在很多人心里，通常会认为这个世界就是由天空与大地共同构成的。天空里有太阳、月球、星星三种天体，而大地则与它们完全不同。

地球是球体这一事实，对于人类树立科学的世界观是非常重要的。地球的形状像一个球，而且这个球是“悬浮”在宇宙空间里的，因此也就无所谓上与下了。这一发现使得当时的天文学者以及民众大为震惊。以大地为基准，哪面是上，哪面是下，连三岁的孩子都能分清。然而这样一个被大家所熟知的观念，忽然发生了一百八十度大转弯，这让人难以置信。与之相比，电视

我们眼中所看到的水平线或者地平线总是这种直线。大概正因为如此，人类才会难以想象地球是球体

剧或者电影中经常使用的主人公突然发现自己的身世秘密这种桥段，就显得逊色了。当然，主人公的感受可能未必是这样。

当人们发现，所谓的宇宙和一直生活的世界，居然没有上下之分，这一事实彻底颠覆了原有的世界观，并促使新的世界观形成；同时，这种新的世界观所带来的影响，在一段时间之后，开始在各个领域显现。

太阳与月球，挂在天上那么明显，即使是一个不太关注天文学的人，也可以很容易就发现两者的运行规律。太阳每天升起、落下，而且随着季节不同，高度也变化；月球则是在形状上出现周期性的圆缺变化。所有这些变化，都被人类从不同的角度加以观测和分析。除了太阳和月球，那些看起来观测难度更大的星星，也是随着时间和季节的变化，位置有规律地发生变化。随着时间的流逝，人类初步认识到，太阳、月球和星星都在按照各自的规律运行。人们在掌握这些规律之后，为了进一步解释它们，又提出了各种理论。“地球是球体”就是通过这样的过程逐步确立发展起来的。

虽然人类在数千年前就寻找各种证据来证明地球是球体，但实际上，直到进入 20 世纪，人类才第一次直观地确认这一事实。1935 年，美国的探索者 2 号热气球破纪录地飞到了 22 千米高空，第一次成功拍摄到地球的圆弧形地平线；20 世纪后期，在人造卫星拍摄的地球照片中，我们能看到地球的一部分（当然这也能充分证明地球是球体）；直到 1968 年，美国的宇宙飞船阿波罗 8 号，第一次拍摄到了地球的完整照片。

阿波罗 8 号拍摄的地球。这是人类第一次拍摄到地球的样子，也显示出地球上海洋的面积远远大于陆地的面积

1968 年 12 月 24 日，阿波罗 8 号在月球轨道上拍摄的地球“升起”的场景。在月球凹凸不平的地平线上，地球缓缓升起。我们就生活在这个蓝色星球上

地心说

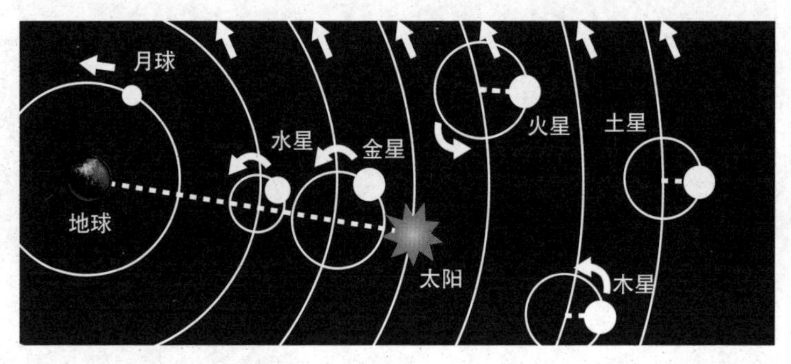

托勒密的宇宙运行体系（地心说）

按照地心说的理论，太阳和月球等所有天体都围绕着地球运动。每个行星都在公转轨道上运动，同时又沿着各自小圆形轨道运动，我们称之为“周转圆”

在人类认识到地球是球体之后，自然就会联想到宇宙这一概念。宇宙是地球与其他天体共存的空间，在这一前提下，人们开始试图描述天体运动。中世纪时，以欧洲为中心广为传播的地心说，曾认为地球是固定不动的，除了地球之外，其余所有的天体都围绕地球旋转。地心说是站在人类中心的视角，尝试描述地球上所观测到的天体的运动的。但是，这一理论无法解释的现象实在太多了。随着时间的推移，越来越多的情况都无法用地心说来加以解释。当人们发现地心说理论存在很多缺陷的时候，他们并

日心说

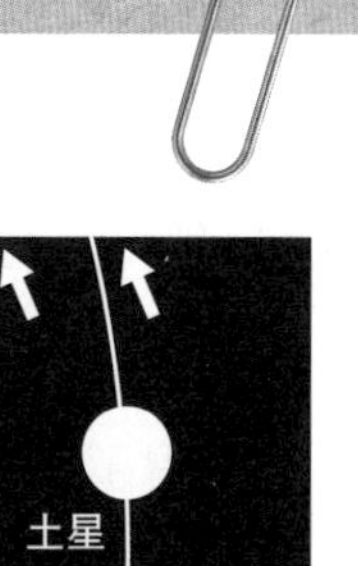

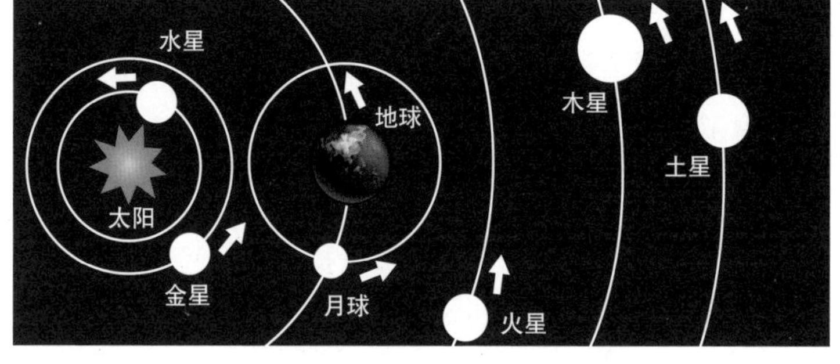

哥白尼的宇宙运行体系（日心说）

按照日心说的理论，包括地球在内的所有行星都围绕太阳旋转，月球围绕地球旋转。利用日心说能够解释月球和行星运行的观测结果

没有彻底放弃这一理论，而是试图努力完善它，然后继续用它来解释宇宙的运动。

16 世纪，尼古拉・哥白尼提出了日心说。他认为地球不是固定在宇宙中心的天体，而是悬浮于宇宙空间当中。同时，他还认为地球和其他行星都以太阳为中心进行运动，并试图用这种理论来解释地球上能够观测到的其他天体的运行。根据这一理论，以前用地心说无法解释的一些天体运动得到了合理解释，但这一理论依然有不够完善的部分。

17世纪，约翰尼斯·开普勒在老师第谷·布拉赫长时间积累的行星观测资料基础上，最终发现了行星沿椭圆形轨道围绕太阳运动的规律，这让之前一直存在争议的日心说获得了普遍认可。事实上，开普勒虽然提出了行星运行的规律，但他却无法找到形成这种规律的原因。继开普勒之后，牛顿利用经典力学理论最终找到了行星运行规律的原因。当然，牛顿之所以能够建立自己的科学理论体系，开普勒在数学方面的研究成果功不可没。

从此以后，日心说在当时的欧洲社会各界引起强烈反响。与地心说相比，日心说无论是从理论上还是在实际生活中，都占据了更稳固的地位。但即便如此，它在被整个社会接受的过程中还是遇到了很多波折。这是因为，日心说不仅仅是天文学领域的一个崭新理论，同时它还具有天文学知识以外的其他含义。在日心说出现之前，太阳、月球和宇宙对于人类来说，更类似于一种抽象的具有宗教意味的存在，但日心说出现之后，它们忽然变成了非常具体的、与人类紧密相关的一种存在，这给当时的人们带来了很大的思想冲击。

20世纪，爱因斯坦提出了相对论，在物理学界乃至全世界都引起了巨大轰动。但即便如此，它也无法与三百多年前日心说问世后所引起的冲击相提并论。在现代，当

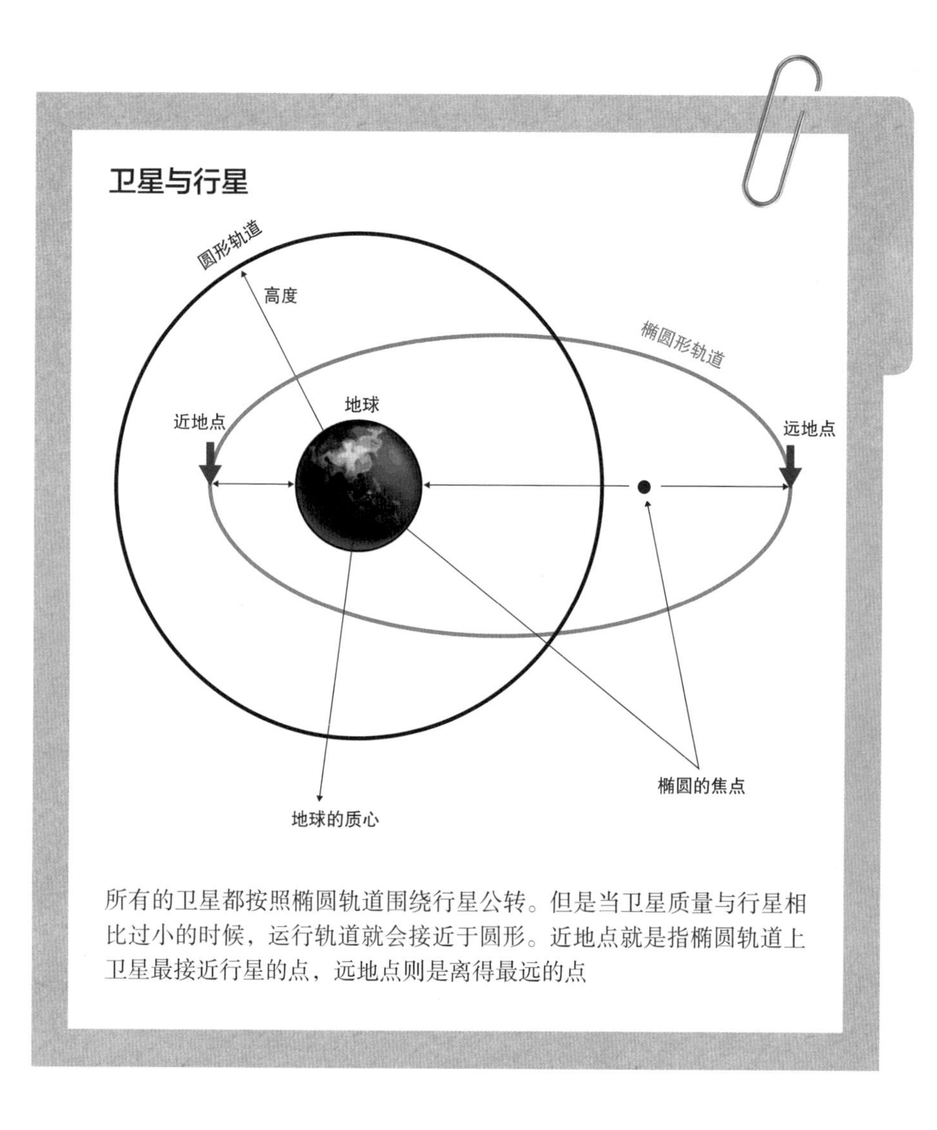

卫星与行星

所有的卫星都按照椭圆轨道围绕行星公转。但是当卫星质量与行星相比过小的时候，运行轨道就会接近于圆形。近地点就是指椭圆轨道上卫星最接近行星的点，远地点则是离得最远的点

人们说到对既有方法或者想法进行颠覆式改变的时候，常用的一个词就是“哥白尼式转变”。由此可以想象，日心说在当时曾引起怎样的震动。虽然相对论的提出对人们思考方式的转变影响非常巨大，但没有因此衍生出“爱因

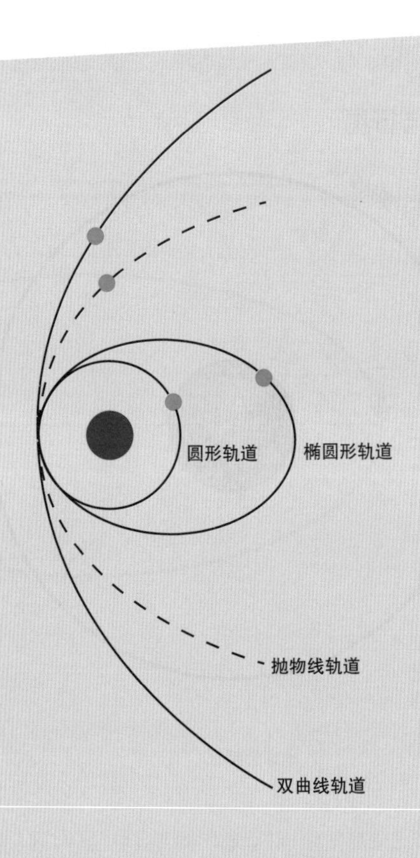

引力

具有质量的物体都有引力，它会对其他物体产生作用力。世界上不存在没有质量的物体，因此，所有的物体都对自身以外的物体产生引力。引力的作用范围没有界限，随着距离变远，其作用力会逐渐减小，因为引力对物体的作用力与其距离的平方成反比。每个天体的引力所影响的引力场是其在空间中产生的时空弯曲效应。两个天体间的引力达到相应的大小时，两者之间就会形成圆周运动、椭圆运动、抛物线运动或者双曲线运动。当进行圆周运动或者椭圆运动的时候，说明两个天体之间一直存在着持续性的作用关系；如果进行其他类型的运动，则意味着两者的关系只是擦肩而过。

两个质量相近天体的运行轨道

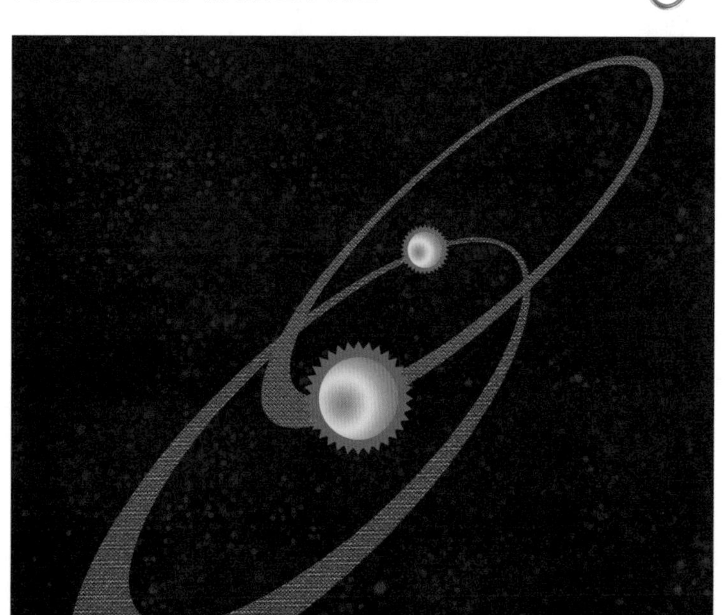

如果两个天体的质量相近，两者的质心就在它们的中点附近，两者会相互围绕对方形成旋转轨道

斯坦式转变”一类的词汇。

此后，随着天文学的发展，人们逐渐认识到地球与其他无数天体是相互影响的；同时，人类还发现地球与月球的关系比其他所有天体都更为紧密。由此，人们得

科学家的恐惧

哥白尼既是科学家，同时也是中世纪欧洲天主教会中握有实权的高级神职人员。因此，当他意识到自己的理论很可能对人们既有的世界观进行一场颠覆时，他不确定人们是否能够接受自己的主张。这使得他在出版自己的日心说书籍时犹豫不决。像这样的事情，其实无论是当时还是现在，始终都存在。

例如，克隆技术正在全世界进行得如火如荼，但与此同时，这一技术也招致了很大的非议。这主要是因为人们还没有完全准备好接受克隆这一概念。我们无法预测克隆技术将会带来怎样的震动与影响，同时，生物克隆技术这一概念本身也还没有真正被界定清楚。从生物伦理学角度上来说，当一个与自己的遗传基因完全一样的生命体站在眼前的时候，那种精神上的震撼，让人无法想象。

对于未知世界，我们的好奇总是与恐惧相伴而行。人类对于新事物的探求，其实就是这两种心理彼此斗争的过程。最后赢的那一方通常是好奇心。在哥白尼的时代，人们无法相信地球竟然在旋转运动；在21世纪的今天，人们对克隆技术充满畏惧心理。事实上，这两者之间没有什么差别。

地图的上与下

既然宇宙没有上下之分，地球自然也没有上下之分。但为了方便使用地图，我们习惯把北方定为上方。然而，并不是所有人都愿意接受这一地图使用习惯。通常情况下，世界地图都是北方朝上，赤道位于地图正中间偏下一点。这会使得位于高纬度

世界地图

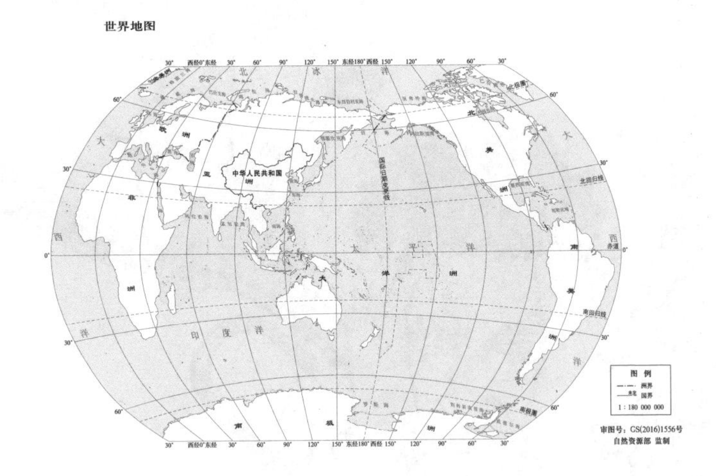

的国家看上去显得大一些，人们也会下意识地认为自己的国家位于地球上半部。

韩国位于北半球，所以对于这样的地图可以欣然接受，但位于南半球的国家则不然。这主要是因为人们习惯上不喜欢让自己处于靠下的位置。实际上，包括澳大利亚等许多南半球国家，它们使用的地图是南方朝上，赤道位于地图的中间位置。无论绘制地图的本意如何，当我们看这些地图的时候，才会切实感受到地球实际上真的没有上下之分，是按照一定的比例尺绘制的。地图既是科学的产物，同时也带有一定的政治性。

出一个结论，如果想在宇宙的框架内更好地了解地球，那就首先应该更好地了解月球。我们一般总会把月球称作地球的卫星（围绕行星进行旋转的天体），实际上这是一种以地球为中心的表述方式。其实地球与月球都是以两者间共同存在的质心为基准点，各自进行运动的，但因为地球比月球大，所以看上去是月球在以地球为中心进行运动。

20 世纪后期，在人类能够进入宇宙空间观测地球之前，无论怎样的理论或者事实，都难以改变人们以地球为中心的固有思维模式。在人类可以进入宇宙空间观测地球之后，就逐渐不再以地球为中心去观察事情了。由此可见，科学的阶段性进步，对人类的世界观、价值观，包括宗教观等所有领域都带来了巨大的改变。

人类与月球

抛开天文学的视角不谈，无论古今中外，月球都与人类的生活息息相关。例如历法就是人类生活的重要时间参考，还有日食或者月食也使人类对大自然充满了好奇。日食或者月食所产生的强烈视觉效果，在世界各个不同文化圈，都对人类的精神世界产生过很大影响，并同时唤起人类对大自然的敬畏与恐惧。在许多文化领域，月球经常作

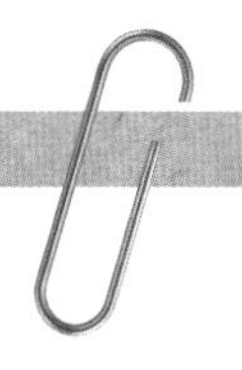

太阳历与太阴历

	太阳历（阳历）	太阴历（阴历）
一天的时间标准	太阳的升起与降落	太阳的升起与降落
一个月的时间标准	一年分为 12 个月，一个月的长度为 28 ~ 31 天	月球的盈亏周期（29.5 天）
一年的时间标准	地球绕太阳一周（365 天）	12 个月（29.5天×12 = 354 天），大月 30 天，小月 29 天，交替轮换
时间差产生的原因	一年不是正好 365 天	12 个月之后，地球还没有绕太阳一周（季节与月历不符）
时间差的解决办法	每 4 年给 2 月添加一天	每 19 年追加 7 个闰月

为文化与艺术作品中的素材，在人类的精神世界中成为一种非常独特的象征。

历法

月球对于人类生活所产生的影响，最具代表性的是历法的出现。在西方文化圈，人们普遍使用以太阳为基准的太阳历，但在东方文化圈，很长一段时期内，人们都在使用以月球为基准的太阴历。包括韩国在内的东方国家，可以说都是以月球为基准进行生产和生活的。在我们的语言当中，月球的“月”，与一年中有 12 个月的“月”，是同一个字，这也间接证明了我们的生活与月球有着密不可分的联系。

因为太阳每天的运行很有规律，所以以太阳的升起与

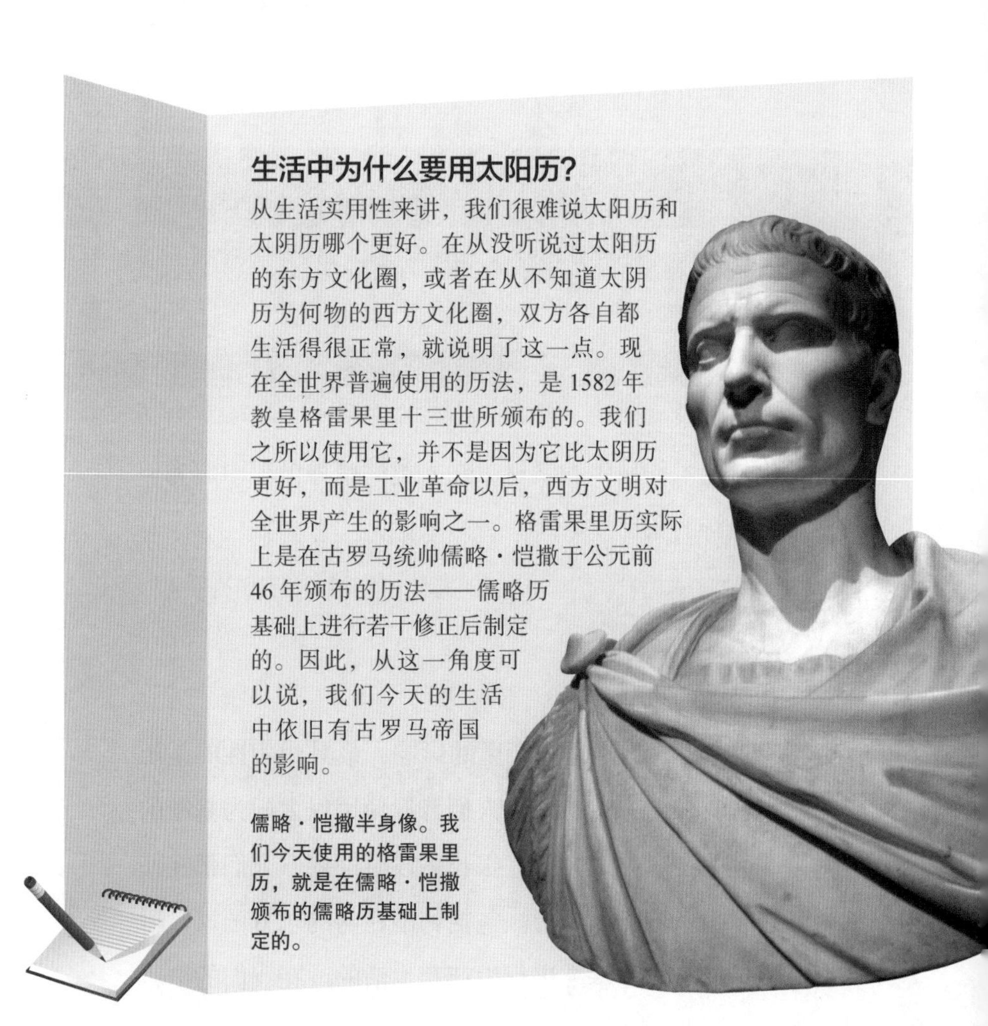

生活中为什么要用太阳历?

从生活实用性来讲，我们很难说太阳历和太阴历哪个更好。在从没听说过太阳历的东方文化圈，或者在从不知道太阴历为何物的西方文化圈，双方各自都生活得很正常，就说明了这一点。现在全世界普遍使用的历法，是 1582 年教皇格雷果里十三世所颁布的。我们之所以使用它，并不是因为它比太阴历更好，而是工业革命以后，西方文明对全世界产生的影响之一。格雷果里历实际上是在古罗马统帅儒略 · 恺撒于公元前 46 年颁布的历法——儒略历基础上进行若干修正后制定的。因此，从这一角度可以说，我们今天的生活中依旧有古罗马帝国的影响。

儒略 · 恺撒半身像。我们今天使用的格雷果里历，就是在儒略 · 恺撒颁布的儒略历基础上制定的。

降落为周期来划定一天是非常自然的事情。反之，月球每天升起和降落并不是那么规律，所以如果按照月球来划定一天就比较有难度，也不可行。因此，无论在哪个文化圈，都很自然地把太阳的升降周期作为划分一天的时间标准。但在拥有四季变化的一年的时间划分上，却出现了两种不同的方法：一种是以太阳运行为标准的太阳历；另一种则是以月球运行为标准的太阴历。先定好一年有多少天，然后把一年这几百天分成几大块。在这一问题上，太阳历和太阴历的差别就出现了。

以上这些问题都还比较简单。问题在于所谓的“一年”是什么。我们通常认为，地球绕太阳一周就是一年。但实际上，当地球自转的同时又绕着太阳公转一周回到原来出发点的时候，地球的朝向与原来出发时候的朝向并不完全相同，而是存在着一定的角度差，而且这个角度差实际上并不小。在地球绕太阳旋转四周之后，就会产生一天左右的时间差。为了纠正这个时间差，人们引进了闰年的概念。

实际上，太阳历中的“月”这一时间标准，从生活的角度来看，没有划定的必要，只不过是为了方便算日期而已。把一年 365 天划分成 12 个月，然后把 28 天或者 31 天这样不同的天数规定为一个月。我们不妨细想一下，每个月的 1 号和 15 号有什么本质上的区别吗？

从天文学的角度来看，两者之间并没有任何实质上的差别。

另一方面，月球是有着一定的变化周期的，每个周期为 28 天。在这一周期中，月球的形状是从新月到满月，再从满月到新月，不断变化。因此，人们把月相变化周期定义为一个月，就是顺理成章的事情了。太阴历的初一和十五，月球的形状全然不同。无论谁看到都会知道这两天是完全不同的日期。所以，以月相变化周期为标准来定义一个月，每一个月的累加又构成一年，这是一种非常合理的时间划定方法。这就是太阴历。

无论是太阳历还是太阴历，都会遇到一个无法回避的问题，那就是闰年。在太阳历中偶尔（每 4 年一次）会在 2 月添加一天使这个月变成 29 天；而太阴历中则是在历法中添加一个闰月。这种在历法中加入天数变化的年我们称为闰年。要想解释清楚闰年是怎么回事，其实是一件挺复杂的事。简而言之，无论是太阳历还是太阴历，因为一年时间其实不是一天时间的整数倍数，所以就会产生闰年。如果太阳历的一年正好是 365 天，或者太阴历的一年正好是 354 天，那就不会出现这样的问题了。问题在于，地球围着太阳绕了一周回到出发点的时候，它的朝向和原来的不一样，这是太阳历遇到的难题。在太阴历中，当月球绕地球转了 12 周的时候，地球还没能绕太阳转完一周，这是太阴历遇到的难题。

在太阴历当中，一天的时间是以太阳的升降为标准划定的；而一个月的时间则是以月球盈亏为标准划定的。然而无论哪一种历法，最终都无法严丝合缝地与地球的运行周期完全吻合。因此，无论是太阳历，还是太阴历，都需要在时间上再进行调整补充（闰年的设置）。而且时间越久，所需要的补充调整就越大。只要人类始终把日、月、年看成一个整数单位，就无法制定出丝毫不差的完美历法，这样的时间差调整也就无法避免。至于数千年后，人类会用怎样的方法来调整补充这种时间差，就留待那时候的人类去考虑吧。

涨潮与退潮

在日常生活中，地球上有一个受月球活动影响非常明显的现象，就是涨潮与退潮。这种现象常见于海边，对远居内陆的人可以说影响不大。但是，人类到内陆生活定居，是在人类文明形成以后才开始的。因此，对于史前生活在海边的原始人类来说，涨潮与退潮曾经是日常生活中一个非常重要的现象。在那个时候，虽然人们并没有认识到涨潮与退潮是受月球影响的缘故，但他们掌握了涨潮与

退潮时候和陆地连接为一体的韩国济扶岛

法国的圣米歇尔山修道院

退潮的规律，并根据这一规律安排生活。由此可见，最初的人类基本生活方式，是深受月球影响的。20万年前智人在非洲进化，人类文明形成（楔形文字）的历史也不过5000多年。从大历史的角度来看，我们可以说，人类有史以来的大部分时间，都是在海边度过的。

即使在当今社会，涨潮与退潮也并不只对海边渔村捕鱼产生作用。虽然现代社会的陆路和航空运输飞速发展，承担着越来越多的世界物流。但全世界大部分的物资运输还是要依靠船舶。建设船舶进出的港口，首先就要考虑海水的深度能够达到什么程度；同时还要考虑涨潮与退潮之后的水深变化，其差异不能太大。从这一角度来看，韩国东海岸的自然条件比较适合建设大型海港。釜山和蔚山之所以能够成为港口城市，是因为其众多有利条件中的一个，与月球的活动有关。

涨潮与退潮，这是每天都在海边重复出现的自然现象。生活在海边的人们，很早以前就学会了按涨潮与退潮的时间安排生活。退潮的时候，就去海滩上捡拾海货；涨潮的时候，利用港口的水深就可以出海了。此外，在一些水比较浅的海岸地区，涨潮的时候，一部分陆地被淹没，陆地较高处就变成了一个岛屿；退潮的时候，岛屿和岸边连接处的陆地就重新露了出来。像这样的地方，就会被开

月球完全遮住太阳的日全食景象

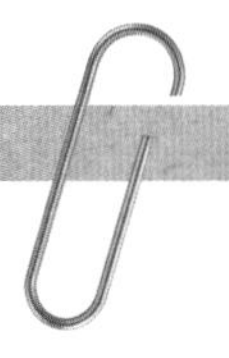

日食产生原理

日食是当太阳、月球、地球位于一条直线上时所产生的现象。在月球完全遮挡住太阳的地区，所看到的就是日全食；在月球不完全遮挡住太阳的地区，所看到的就是日偏食。有趣的是，当我们在地球上用肉眼观测的时候，太阳和月球看上去几乎一样大，这也使得日食现象更具有戏剧性效果

发成旅游胜地，比如法国著名的圣米歇尔山修道院，如今那里已经成为有名的观光胜地。韩国西海岸的岛屿中也有一些这样的地方，比如首尔附近的济扶岛。

又上当啦！
又被骗啦！
哈哈哈哈
这些傻瓜~

日食与月食

在月球出演的所有秀中，最炫目的大概就是日食了。日食是从地球上进行观测的时候，月球正好运行到太阳与地球中间的一种天文现象。日食给人的视觉冲击非常大。在科技还不发达的年代，太阳—月球—地球之间出现的这种现象，曾带给人们巨大的震惊及恐惧，这是当今社会的人们无法想象的。同理，月食与日食类似，是月球的一部分或者全部正好处于地球遮蔽所产生的阴影当中形成的现象。

从产生原理来看，日食和月食只不过是因为太阳—月球—地球的轨道运动而出现的规律性现象。过去的人们会把它们看作特殊现象，甚至是不祥之兆，主要在于日食或者月食只是偶尔发生，这使得当时的人们无法掌握其出现规律。要想预测日食或者月食出现规律，就需要能够精确计算出太阳—月球—地球的运行时间，而人类到了近几百年才逐渐掌握了这些知识。如果我们了解到一种事物产生的原因或者背后原理的话，它就是一种“现象”；反之，如果不够了解的话，它就可能被看成是一个“事件”甚至“奇迹”。日食和月食就是最好的例证。在以前，如果有人掌握了这种现象的原理，那么天文现象就可以被用来当作一种手段蒙蔽大众。

COLA
NOTE

在以新罗时代为背景拍摄的电视剧《善德女王》中，美室公主就曾经借用中国的天文知识预测了日食发生时间，并利用这一现象获得了百姓的崇拜和敬仰。作为一个有谋略的女子，她巧妙地利用日食来为自己谋求政治权力。虽然起初她并不了解这些知识，但她的下属懂得计算日食发生日期，并使她明白了这是一种天文现象。可当时的百姓并不了解相关知识，这使得日食最终能够被她利用。虽然这只是电视剧中的一个桥段，但却是古人利用所知原理，把自然界现象假称为奇异天象的一个具体实例。

日食之所以比月食更吸引人，是因为日食发生时的视觉效果更具有冲击力。此外，月食一般发生在人们都入睡的夜晚，这也使得日食相比较而言更容易受大家关注。无论什么事情，要想吸引人们的注意力，重点该放在哪里，日食给了我们很好的启示。

月球蕴含的文化

月球对于人类精神世界的影响非常之大，影响的领域也广。月球虽然白天也挂在天上，但夜晚人们才比较容易看到，而且它比星星看上去要明亮得多，因此也更具有存在感。同时，月球的形状有着丰富的盈亏变化，在亮度和颜色上也适合人们用肉眼直接观赏，所以无论哪个时代、哪个国度，月球一直都被人们看作一种很浪漫的事物。正因为如此，以月球为素材或者创作背景的文学作品比比皆是。从哲学方面来看，中庸思想以及阴阳思想都是从太阳与月球的对照而来的，这一点众所周知。以上这些文化现象，不分时代，在人类所有的文化圈中都可以看到。由此可以看出，月球对于人类的精神世界来说，其影响真是不容小觑。

英语中有“blue moon”（蓝月）的说法。一个月里出现两次满月，第二次满月就会被称为“蓝月”。这种现象大概每三年会出现一次，所以在英语中也常被用来借指“非常稀有的事情”，并由此产生了“once in a blue moon”，意为“难得”。当然这种事情只有在太阳历文化圈中才可能发生。在以月球为基准的文化圈里，一个月里不可能出现两次满月。除“蓝月”之外，借由月球而产生的词汇还有很多，这也说明了在人类的语言领域中，月球具有非常多的象征意义。

在各种文化圈的传说或者神话故事中，月球与太阳一样，总是作为主要素材出现。同样，在文学、艺术、音乐等领域，月球也是非常重要的创作对象和素材。在很多著名的作品中，描绘月球的作品，即使在现代也依旧受到人们的喜爱。近代的工业革命以后，月球作为距离地球最近的天体，同时又是当时人们所不了解的神秘对象，因此又成为科幻小说的主要素材。现在我们拍摄的电影或者创作的小说，如果用遥远的未来的眼光来看的话，可以说是 21 世纪的人类的神话。随着人们对月球越来越了解，以及好奇心的日渐满足，在 21 世纪的科幻电影中，人们开始把目光从月球转向火星、小行星或者彗星等其他天体。

潮汐发电

潮汐发电是人类对大自然涨潮与退潮现象加以利用的一个代表性实例。其原理非常简单，就是利用涨潮与退潮时的潮差来发电。发电机通过机器部件的旋转开始发电，即利用海水的水流，使连接在发电机轴上的水轮机发生旋转，从而产生电能。

潮汐发电首先需要建设一条截断海洋与陆地的大坝，然后通过涨潮时候蓄水、退潮时候放水的水流变化来推动发电机旋转，从而制造电能。反之亦然，即在退潮时候放水、涨潮时候蓄水，通过海水的大量流动来推动发电机运行发电。在电站建设方面，根据当地的自然条件，既可以建设只在涨潮或者退潮时发电的单库单向电站，也可以建设涨潮和退潮时都可以发电的单库双向电站。要想提高发电能力，就需要加大涨潮和退潮时的潮差。从自然条件来看，韩国的西海岸适合利用潮汐进行发电。

潮汐发电原理

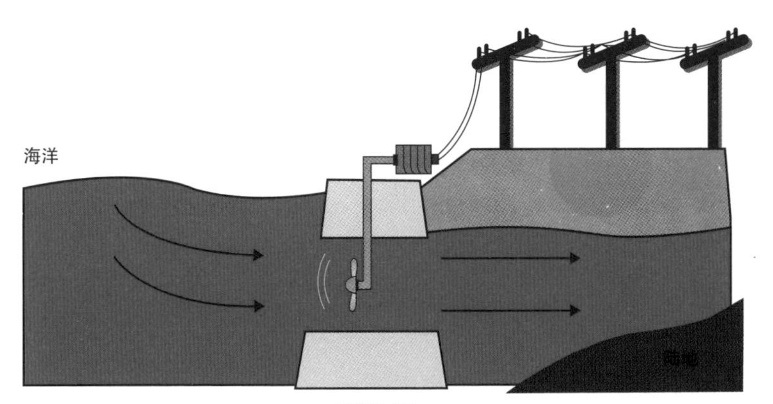

涨潮时候

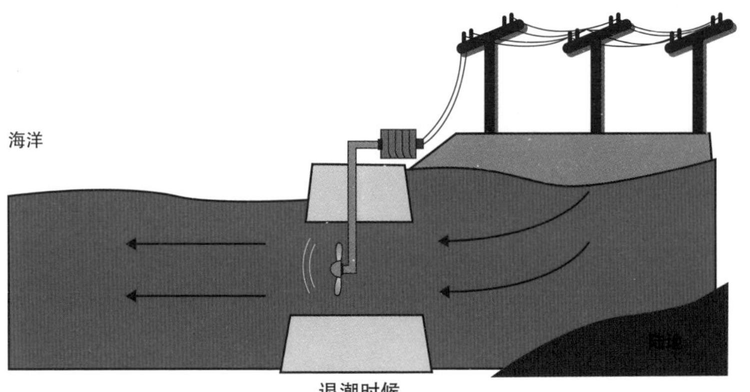

退潮时候

涨潮和退潮时候的潮差所形成的水流，可以使发电机旋转进而转化为电能。换言之，就是利用海平面的高低变化所形成的势能产生动能，最终转化成电能

月球与艺术

在以月球为主题创作的浪漫唯美的艺术作品中，李白的这首诗尤为著名。很多读者都以为这是一篇关于酒的诗作，但其实它是吟咏月球的。或许这也是他所有以月球为题材创作的文学作品中，最广为人知的一篇。

月下独酌

花间一壶酒，独酌无相亲。
举杯邀明月，对影成三人。
月既不解饮，影徒随我身。
暂伴月将影，行乐须及春。
我歌月徘徊，我舞影零乱。
醒时相交欢，醉后各分散。
永结无情游，相期邈云汉。

朝鲜后期画家金斗樑（梁）所描绘的月夜溪谷
《月夜山水图》，1744 年，水墨淡彩；81.9cm × 49.2cm，韩国国立中央博物馆

为什么 7 天为一周?

“日”“月”“年”等概念的产生，是与地球、太阳和月球运动相关的系统性天文学概念。但与其不同的是，“周”的概念则与任何天文学知识无关，完全来自人们的约定俗成。犹太人的宗教吸收了巴比伦的创世故事，根据月球的盈亏，把 7 天定为一周。因此认为 7 天为一周始于宗教。还有一些人认为，太阳、月球、水星、金星、火星、木星、土星正好是 7 个，所以 7 天为一周始于这里。比起这些说法，我们需要注意的是，在太阴历中，一个月正好是 29.5 天，这也许可以更好地解释为什么 7 天为一周。

7 大约等于 29.5 的四分之一。因此，把一个月分成 4 份，7 是一个比较恰当的数值。根据月相周期变化，发现 7 天是月球盈亏的变化周期。从新月到半月，半月到满月，满月再到半月，半月到新月都是 7 天。因此，在使用太阴历的文化圈中，把 7 天定义为一个时间段是一件自然而然的事。在犹太教文化圈中，在使用农历历法的中国，都把 7 天定为一周，也说明了这只是一种约定俗成。

宇宙中的地球与月球

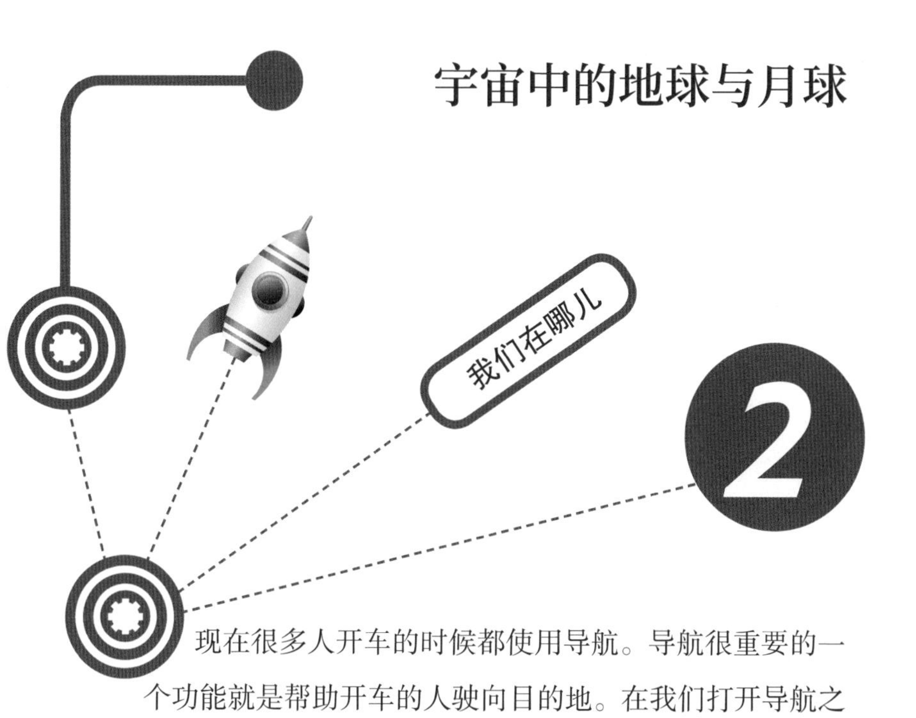

现在很多人开车的时候都使用导航。导航很重要的一个功能就是帮助开车的人驶向目的地。在我们打开导航之后，第一件事就是定位自己所处的位置。这种确定自己所处位置和状态的行为，是我们在三维空间里寻找目的地或者了解自己周边环境所必经的第一阶段。

从人类的整个历史来看，我们现在所掌握的关于宇宙空间的概念是全新的，其历史也不长。如果没有对地球、太阳系、银河系等相关知识的了解，人们误将地球认作这个世界的主体，并把太阳、月球和星星等都看作环绕地球的附属物，反而是非常正常的。但在人们了解了地球与太阳系的关系之后，忽然发现地球并不是宇宙的中心这一事实，自然就不可避免地陷入了自我混乱之中。人们开始认识到，地球是围绕着太阳旋转的，但我们却无法因此就认定太阳是宇宙的中心。

太阳并不是宇宙的中心，它也只不过是宇宙中那无数星体中的一颗而已。这一认知自然就会使人们想到一个问题：“宇宙是什么？”虽然人们从很早以前就好奇宇宙是什么样子，但在地球与太阳系的关系被揭开以后，人们开始试图从哲学和科学两个角度来寻求关于这一问题的答案。最终，“宇宙是什么”这一问题，就逐渐转化为人类对“地球处于广袤宇宙中什么位置”的探寻。了解了“我们在哪儿”是迈向下一阶段的第一步。

地球在哪儿

地球究竟位于宇宙空间的什么位置，这一问题我们其实很难弄清。因为“位置”这一概念，其本身就应该是掌控全局之后才能够厘清。这就好比小孩子，一般都是以自己的家为起点，逐步走出家门，慢慢扩大到对整个小区布局的熟悉。在此基础上，再通过继续扩大范围来掌握自己在更广泛的空间中所处的位置。以此类推，我们以地球为起点，先逐步扩大我们能观测到的范围，然后再去了解地球在这个范围中所处的位置，这是一种比较合理的方法。就我们目前对宇宙范围的有限了解，我们这里所说的

天文单位

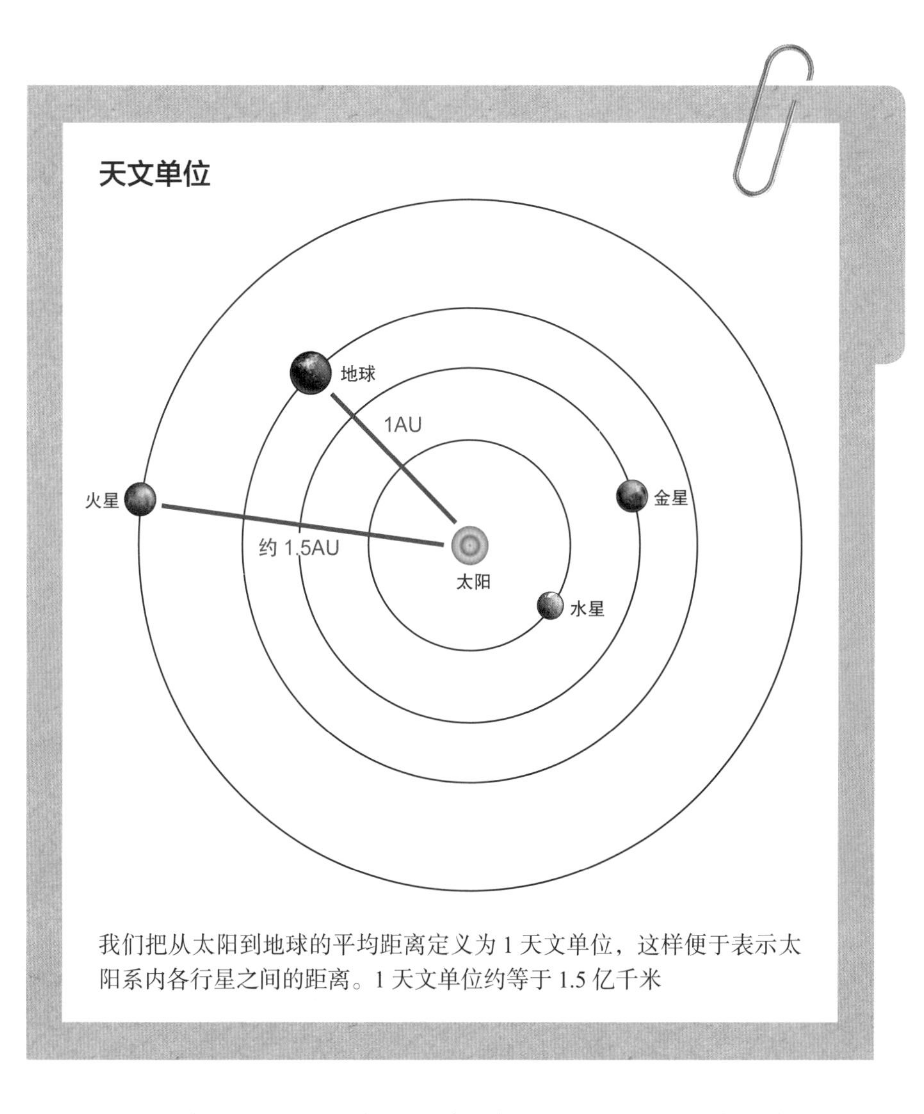

我们把从太阳到地球的平均距离定义为 1 天文单位，这样便于表示太阳系内各行星之间的距离。1 天文单位约等于 1.5 亿千米

地球在宇宙中所处的位置，其实都是局限在目前我们掌握的宇宙范围内，地球与其他天体的相对位置而言的。像这样以地球为中心，把宇宙的范围由小及大逐步扩大，以此来把握地球在宇宙中所处位置的方法，也是我们逐步了解宇宙构造的唯一便利可行且具有现实可能性的办法。实际

上，人们至今所掌握的关于宇宙的全部知识，都是通过这样的办法一点点扩展而来的。

首先，存在以太阳为中心拥有众多行星和小行星等的太阳系。太阳系是指以太阳为中心并受其引力维持运转的天体系统范围，其中包括从水星到海王星等行星，还有外围一些矮行星以及非常小的岩石块等。如果想在几页纸上就把从太阳到海王星以及整个太阳系都描绘出来，那就很难保证其中每个天体的大小以及它们之间的距离都与实际一致。也许有人会问，太阳系为什么只到海王星，而把冥王星排除在外呢？虽然下面这个理由听上去有点奇怪，但在 2006 年，国际天文学联合会通过投票把冥王星开除出太阳系行星，把它归为矮行星。科学家们自有一套认知体系。他们制定了关于行星的认定标准之后，认为冥王星不能算作真正意义上的行星，冥王星实际上比月球还要小。

很多情况下，人们总是容易混淆科学事实和科学基准。“事实”是指那些与个人倾向、意见无关的能够加以证明的事情；“基准”或者“分类”则是根据某个特定群体或者个人的意见来对科学事实加以判断衡量。因此，基准或者分类会随着时代或群体的不同而变化。例如，地球围绕太阳旋转这个事实，与人类的信念或者信仰无关，它是客观存在的事实。但对于太阳系或者行星等进行概念分类，则是为了方便人们理解和把握。因此，把原本被看作太阳系行星的冥王星开除出去的事就这样发生了。

处于太阳系中心的太阳，其直径是地球的109倍。从太阳到海王星的距离是太阳到地球距离的30倍，即约30天文单位。如果按照一定的比例尺把太阳系画在一张纸上的话，我们会发现太阳系真的一点都不拥挤。如果把太阳画成一个足球的话，那地球就相当于距离这个足球25米外的一个胡椒粒，月球则是距离胡椒粒5厘米之外的一粒微尘，而海王星则距离这个足球足有750米之远！太阳系的边界并不是海王星，也不是外围距离有50天文单位的那些小行星，还要再往外扩大到大约200天文单位那么远。也就是说，距离这个足球5千米左右的范围都属于太阳系。事实上，太阳系的边界并没有一个明晰的划定。而且距离太阳最近的、相当于另一个足球那么大的星体所在位置，大体等于从首尔到俄罗斯的首都莫斯科那么远。也许有人还是无法想象这个距离有多远；从首尔到莫斯科大约是6 500千米，这个距离大概相当于从首尔到釜山往返8次的距离。由此可见，宇宙里大部分空间都是空荡荡的。

那么，太阳系之外又有什么呢？太阳系处于银河系这个巨大的星系之内。银河系内有数千亿个星体，这些星体在宇宙空间里形成一个中间隆起、周边扁平的飞碟形状，直径约10万光年！这里所谓的“星体”，是指像太阳一

样能够自己发光的恒星；这些恒星又都各自可能还拥有围着自己旋转的行星。太阳系位于银河系靠外一点的位置，所以当我们望向银河系圆盘位置的时候，会看到比其他位置更多的星星。在空气洁净的夜晚，如果灯光足够暗，那些星星汇聚成一条银色的玉带悬挂在晴朗的夜空之中，我

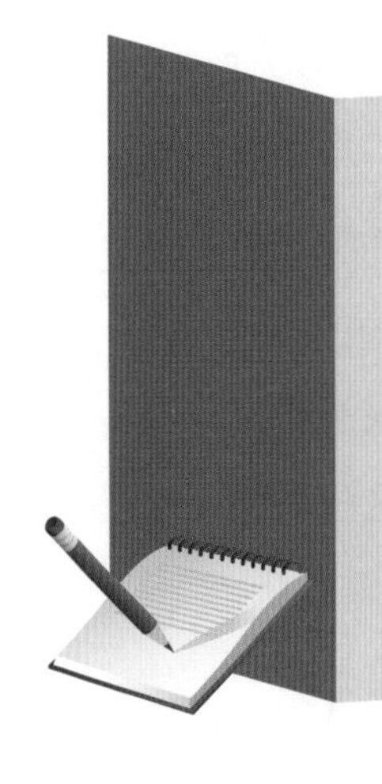

光年

宇宙非常辽阔。这种辽阔是人类无法企及的那种广阔。因此，如果我们用米制长度单位来表示宇宙大小的话，那将会是难以数清楚的一长串天文数字。因为这种不便，天文学家们定义了一种新的单位：光年，即光在真空中 1 年内通过的距离。1 光年约等于 94 605 亿千米，相当于从首尔到釜山往返 100 多亿次，约等于环绕地球 236 万圈的距离。这真是一个太天文数字式的单位了。

们称之为银河。在所有天文学词汇当中，这个词大概是最浪漫的一个了吧。

在电灯还没普及的时代，每一个晴朗的夜晚，大多数地方都能够看到银河。而如今，别说银河，就连星星几乎都无法看到了。这不仅因为空气过于混浊，还因为城市里的灯光过于明亮，使得那些星星都消失不见了。我们把这些过于明亮而妨碍观测星星的灯光称为“光污染”。天文台需要建在没有光污染的地区，所以世界上大部分天文台都建在距离城市很远的地方。除了银河，要想观赏到更多的星星，就要去空气洁净且没有光污染的地方。在没有人工灯光的晴朗夜空，仅用肉眼就可以观赏到数不胜数的满天星斗，真是太美丽了！尽管人类对于“美”的标准随着个人喜好和时代的不同而不同，但那些点缀在夜空锦

我们的银河

从字面上来看，“我们的银河”这种称谓既不够学术化，还给人一种偏韩国化表达方式的感觉。但这并不是笔者因为太喜欢银河而自己编造出来的一个名称。它是国际上一个通用的天文学名词，英语写作“our galaxy”。但在英语圈国家当中，经常把韩文中“我们的银河”称为“银河系”。韩国人经常挂在嘴上的“我们”这个词，通常对应的是英语中“my country”这一概念。因此，这一词汇在除了韩文以外的语言当中并不常见。但是，如果考虑到我们居住的地球就处于“银河系”当中的话，在世界任何一种语言体系中，还能找到一个比“我们”更为恰当的词吗？

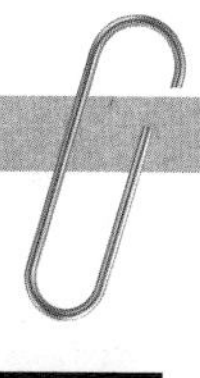

银河系的形状

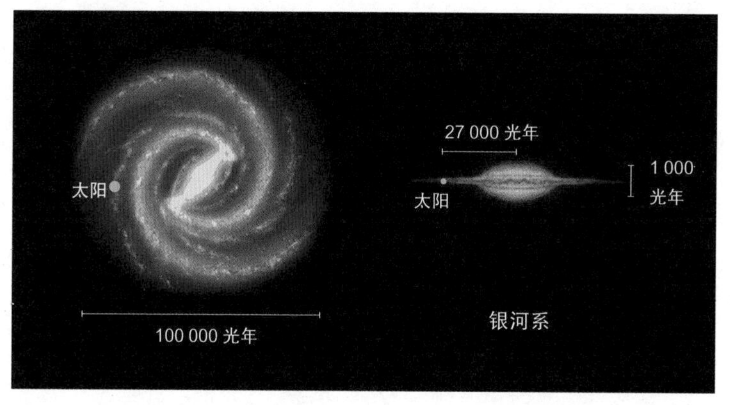

我们在地球上无法观测到银河系的全貌。这幅图是以局部观测结果为基础绘制而成的

缎上的无数星辰宝石，在任何时代，对于任何人而言，都显得那样美丽！从这一角度来看，那些天文学者由于受美丽的夜空所吸引，因而奉献一生，还真是一群极为浪漫的人呢！

在宇宙当中，像银河系这样的星系还有很多，其大小、形态不一。我们把包括银河系在内的数十个聚集在一起的星系称为本星系群；在这个本星系群之外，还有别的星系群存在。目前，仙女星系是距离我们的银河最近的星系之一，大约距离地球 250 万光年。我们无法直接观测到

仙女星系中或许有生命存在也未可知

银河系的外观，所以如果想了解银河系究竟什么样子，可以参考仙女星系。通常情况下，如果一个人说什么东西“去了仙女星系”，那就是说这个东西去了遥不可及的地方。事实上，如果从星系的角度来看，在整个宇宙当中，仙女星系却是距离我们银河系最近的星系！

孤独的地球

在人们发现地球之外还有很多天体之后，就开始想知道是否有外星人存在。可以说这是哥白尼的功劳。正是他让人们意识到地球不过是众多行星中的一颗而已。那么，在宇宙当中，除地球之外，是否存在其他生命体居住的行星呢？为了解开这个令人好奇的谜团，此时此刻，有许多人、国家、国际协作组织正在共同努力。人类针对这一领域的好奇心，也许正是来源于人类内心深处害怕孤独的本性吧。当然，还有一些人，他们预感人类在这个领域未必能够轻松获得一个令人满意的结果，于是他们就选择了一个看上去更容易的办法，干脆断定外星人根本不存在。即使寻找外星人的道路充满艰难险阻，人类依然不会放弃。针对是否有外星人存在的科学性探索与追求，即便此时此刻，也依旧有条不紊地进行着呢。

恒星与行星

恒星是指那些看上去固定不动，像太阳一样能够自己发光的天体。它因为自身的引力作用而使得构成星体的物质都被牢牢吸向中心位置，所以产生的巨大压力使星体发出光和热。行星则是指围绕着恒星旋转、其本身并不发光的天体。

那么如何区分恒星和行星呢？很简单。恒星的自身引力，使其内部成分对自身产生巨大压力，从而在其内部释放巨大能量，引发核聚变反应。如果恒星的质量足够大，就可以维持不断发生核聚变发光。木星如果比现在的体积再大一些，就可以成为像太阳一样的恒星了。但如果那样，太阳系也许就会变得与现在完全不同了。最起码，像地球这种有生命体存在的星球，也许就不会诞生了。

我们看到的，就一定真实存在吗

处于太阳系之外的那些天体，因为距离过于遥远，我们用光年（光在真空中 1 年内所通过的距离）这个单位来计量。仙女星系距离地球 250 万光年；人类迄今为止所能观测到的最远天体是距地球 130 亿光年的 GRB 090429B。从这个星体的名字来看，真是枯燥无趣。但这主要是因为宇宙中的星体太多了，大多只能以编号命名，并不是天文学家们不会起名字哦。

我们经常说这些天体距离地球很远，那么这个“很远”究竟有多远？上面所说的 250 万光年和 130 亿光年，也就意味着我们观测到的星光分别是 250 万年前的仙女星系以及 130 亿年前的 GRB 090429B 星体所发出来的。在宇宙的时间计量当中，250 万年也不过是短短一瞬。因此，仙女星系此时此刻也许依旧还是老样子，但 GRB 090429B 却可能已经面目全非，甚至完全消失不见了。

仰望星空，星斗满天。但实际上，其中有一些星星现在可能已经消失不见；又或者还有很多新星已经出现，只是其光芒还未能到达地球，因此我们还没法看到。人们常说到一个词——眼见为实，但对于夜空中那些星体来说，我们所看到的，未必就是真实存在的。这，就是宇宙。

生命体是什么▶生命体存在的前提条件是什么▶除了地球之外，还有没有适合生命体存在的行星

在电影作品中出现的外星生命体，其外貌和人类差不多。他们的智商或者与人类相近，或者稍高于人类。实际上，如果外星人真的存在的话，他们的外表未必与人类相似。也许他们的样子根本就是一直生活在地球上的我们所无法想象的。无论外星人长什么样，也不管他们的智商究竟如何，如果我们想找到外星人存在的行星的话，应该思考哪些问题呢？大概是以下这样一个顺序吧。

首先，我们应该先弄清楚，生命体究竟是什么？令人意外的是，迄今为止我们始终没能对所谓的生命体进行一个明确的定义。按照《不列颠百科全书》的解释，生命体要能够对外部刺激做出反应，同时具有生长发育、新陈代谢、能量转换、自身增殖的能力。按照美国国家航空航天局的定义，除以上几点之外，还需要补充两点：应该具有能够保持机体动态平衡的稳态，以及具有细胞组织。

有趣的是，即使如此严格地对生命体这一概念进行定义，还是会有意想不到的情况出现。比如，公驴和母马交配所生的骡子就不具备增殖能力，那它是否就算不上生命体了？晶体能够生长，而且具有稳态，甚至还能对外部刺激做出反应，进行移动，但我们却不认为它是生命体。如果想简单地下一个定义的话，生命体就是在存活的时间

生命体大集合！
这种岩石块也能叫作生命体？太过分了！
这也是生命体？
不好说
好
给我水
啊！外星人！
妈妈，这有个黑乎乎的家伙！
啊！
儿子啊，过来
这边！小东西
快说话
哇！太神奇了！
往这边走吧！
这边！
石头
油？

内，能够吃东西维系生命，同时具有种族繁衍能力，并在生命机能耗尽之后死亡的有机体。可见，那些能永久生存的事物都不是生命体。比如电脑病毒，它虽然能够对外部输入做出反应，并且能够进行自我传播，但它并非生命体。

就我们所知，生命体必须在特定的环境中生存。说简单一点，就是在过热或者过冷的环境当中，生命体是无法存活的。当然，也许另外有一些生命体与我们已知的生命体不同，可以在截然不同的条件下维持生命。但迄今为止，人类还没发现这样的生命体存在。因此，我们如果要寻找外星生命，其实就是按照我们对生命体的定义，去寻找那些具备生命体生存条件的行星。

虽然生命体存活的必要条件很多，但其中最具有代表性的，就是要有水和适当的温度。当然，有了水和适当的温度，并不代表就一定会有生命体存在。但如果没有水，温度过高或者过低，生命体都无法存活。用数学化的方式来表达的话，“水＋适当的温度＝生命体存在的必要条件”。因此，我们寻找生命体的首要目标，可以归结为寻找水（不是冰或者水蒸气）能够存在的行星。更进一步解释的话，这里所谓的“有水，而且温度适当”，其实就是在寻找一个“类似于地球”的星球。所以，如果作为新

闻标题来看，“人类发现了有水而且温度适当的行星”这个标题，就不如“人类发现了类地行星”更吸引眼球。

距离地球较近的行星，除了金星之外，就是各方面条件都和地球相似的行星——火星。人类对火星进行探索之后，在火星上发现了水曾经存在的证据。此外，科学家们还发现，木星的卫星欧罗巴的表层被冰层覆盖，冰层下面还有海洋。科学家们坚信，在冰层下的海洋里，一定会有与地球深海生命体相似的生命体存在。科学家们之所以会这样认为，是因为他们发现，那些生活在地球深海中的生命体，它们有着不依靠太阳光合作用就可以生存的食物链。

现在一个众所周知的事实就是，不仅仅太阳系中有行星。银河系的数千亿个“恒星”，很多都带有自己的行星。其实，行星也有自带“行星”的，只不过我们把这样的“行星”称为“卫星”。但是，因为行星本身不发光，所以距离如果稍微远一些，我们就无法观测到。因此，别说在太阳系以外寻找类地行星，就是想找到个一般的行星，也并不是一件容易事。这就好比让我们在漆黑的夜晚去寻找那些没有开灯的住家一样，非常困难。

人类第一次试图在太阳系以外寻找行星的努力始于1992 年，时间并不久远。射电天文学家们在名为 PSR 1257+12 这样一个有着枯燥名称的恒星周围，发现了两颗正在运行的行星。随后，更多的系外行星被发现。而且为了寻找这些系外行星，科学家们还发射了开普勒天文望远镜。到 2014 年，有一千多个系外行星被发现。这个数字说多也多，说少也少。考虑到仅仅银河系中的恒星就达数千亿个之多，人类目前寻找到的行星数量，连起步阶段都算不上。

金发女孩行星

Goldilocks（金发女孩）这个词来自童话故事《金发女孩和三只熊》。“金发女孩”是“合适、刚刚好”的意思，后来这一含义被广泛借用。在行星当中，科学家们把和地球条件相似的、适合生命体生存的行星称为“金发女孩行星”。当然，我们不明白为什么非要借用童话里女主人公的名字，如果借用熊宝宝的名字起名“熊宝宝行星”，是不是听上去更可爱一些？

“金发女孩”不仅被用于借指合适的类地行星，在很多领域被用来代指“合适的条件”。例如“金发女孩经济”，就是指经济状况既不过热，也不低迷的一种状态。同时它可以被用来借指某个学术领域中，某个特定范围内的一种适合的状态或条件。

科学家们一直致力于在太阳系内寻找有水（甚至哪怕有水存在过的痕迹）的行星。如果想在太阳系以外寻找金发女孩行星，无论是从观念上还是技术层面来看，都殊为不易。在木星的卫星欧罗巴上，它的表面覆盖着一个冰层，这是一种比较特殊的情况。我们如果想寻找像地球一样具有大气层和水的行星，最先考虑的应该是气温一定要合适。

如果某个行星具有和地球环境类似的条件，科学家们

好朋友的
金发女孩条件
同年级
歌手
学校
回家方向
爱好

称之为“宜居带”，即气温既不会热到使水蒸发，也不会冷到使水结冰。要具备这样的条件，首先，这颗行星必须与一颗恒星具有适当的距离；其次，它能够围绕这颗恒星进行公转。这里所谓的适当的距离是多少，取决于这颗恒星散发的热量。如果恒星非常大而且散热非常多的话，行星就要处于远一些的距离才能够保持合适的温度；如果恒星的散热没有那么多，那行星的距离就要近一些。在宇宙中，具备这种条件的行星可能存在的区域我们称为“金发女孩区”或者“适居区”。要想有生命体存在，这颗行星首先要处于金发女孩区。另外，行星的体积也很重要。即使它处于金发女孩区，如果体积过大的话，那么所产生的引力也会很大，生命体很难生存；反之，如果体积过小，引力太弱，它就无法吸引大气层附着于自身表面。

美国在 2009 年发射的开普勒天文望远镜，就是为了观测银河系中有多少个恒星带有类地行星，以及这些恒星分别是哪一个。迄今为止，在开普勒望远镜所观测到的结果中，有一颗名为开普勒 69c（其大小约为地球的 1.7 倍）的行星大小和地球接近，同时它在一颗与太阳大小相似的恒星的金发女孩区进行公转。如果打比方的话，就是我们发现了与我们所生活的小区相似的另一个小区。

下一步，我们应该去看一看那个小区里是否有人居住。科学家们起初认为，寻找外星生命的第一个努力对象，应该就是这颗行星；不过后来发现这是一颗“超级金星”，并不适合居住。

天文望远镜

开普勒望远镜是安装在人造卫星上的尖端观测装置。一般我们把这种望远镜称为天文望远镜。科学家们于 1990 年发射的哈勃空间望远镜就是天文望远镜的代表。之所以要把这种望远镜安装在人造卫星上，是因为在大气层之上观测宇宙要比在地面上观测清晰得多。要想在地面上用望远镜观测星体，星光必须能够穿透大气层到达地面。因为地面上的大气层是由活跃的、移动着的气体构成的，所以星光在穿透大气层到达地面的过程中会变模糊；而且由于大气层不断移动，观测效果也并不理想。而在大气层之上，因为没有各种气象现象，也没有阴天或者其他坏天气影响，观测效果会非常好。

1946 年，美国的天文学家莱曼·斯皮策提出了天文望远镜的构想。天文望远镜的构想简单，但制作费用比较高。它之所以在 20 世纪后期才真正被广泛应用，一个原因是人类在望远镜制造技术及火箭发射技

正在观测宇宙空间的哈勃空间望远镜

术方面进步缓慢；另一个更重要的原因是，在很长一段时间内，数码摄影照片的传送技术不够发达。如果使用地面望远镜进行观测，把观测到的景象拍成照片加以整理，这当然没有问题；但使用天文望远镜，把它数年间不停拍摄的无数照片周期性地传送到地球，这曾经是一个人类很久都无法解决的技术难题。

金发女孩和三只熊

从前的一个村庄里，熊爸爸、熊妈妈和熊宝宝一起幸福地生活。有一天，熊爸爸一家三口出去散步的时候，房子里进来了一位金发女孩。金发女孩喝了熊妈妈做的粥，还坐了坐椅子，又跑去床上睡了一觉。在她尝了尝熊爸爸和熊妈妈的粥之后，发现不是太热就是太凉；坐了坐他们的椅子，发现不是太大就是太宽；睡了睡他们的床，发现不是太硬就是太软。只有熊宝宝的粥、椅子和床最合适。于是，她坐在熊宝宝的椅子上，喝了熊宝宝的粥，然后躺在熊宝宝的床上睡着了。当熊爸爸一家回来后，金发女孩吓了一跳，赶紧跑掉了。从那以后，她再也不敢进入陌生人的家了。

地球和月球是如何诞生的？

通往 46 亿年前的旅行

3

从太阳系的构造来看，即使没有经过科学分析，我们也可以推测出太阳是最先诞生的，然后才是地球。为什么呢？从所有关于太阳系构造的图片来看，虽然太阳与各行星之间的距离并不是完全按照实际距离的比例来绘制的，但需要注意的是，所有行星的公转轨道都在一个水平面上。这意味着什么？从天文学的角度来看，这说明构成太阳系的太阳与所有行星应该是在几乎同一时间段内诞生的。这就好比当我们看到一群长得非常像的人聚到一起的时候，我们会不由得推测他们应该是一家人。

在太阳系中，目前所能找到的历史最久远的物质，大概始自 45.672 亿年前。这个数字比较准确，上下误差应该不超过 6 万年。因此，科学家估算，地球诞生的时间范围大概也在这一时间。那么，地球和月球诞生的先后关系又是怎样的呢？月球作为地球的卫星，当然应该是地球先出现，然后才有了月球吧？一般来说是如此，但也有例外。之所以说可能会有例外，是因为我们还没能最终确定地球和月球最初的起源。就让我们以此为目标，在未来继续努力探索地球和月球是经历了怎样的过程而诞生的吧。

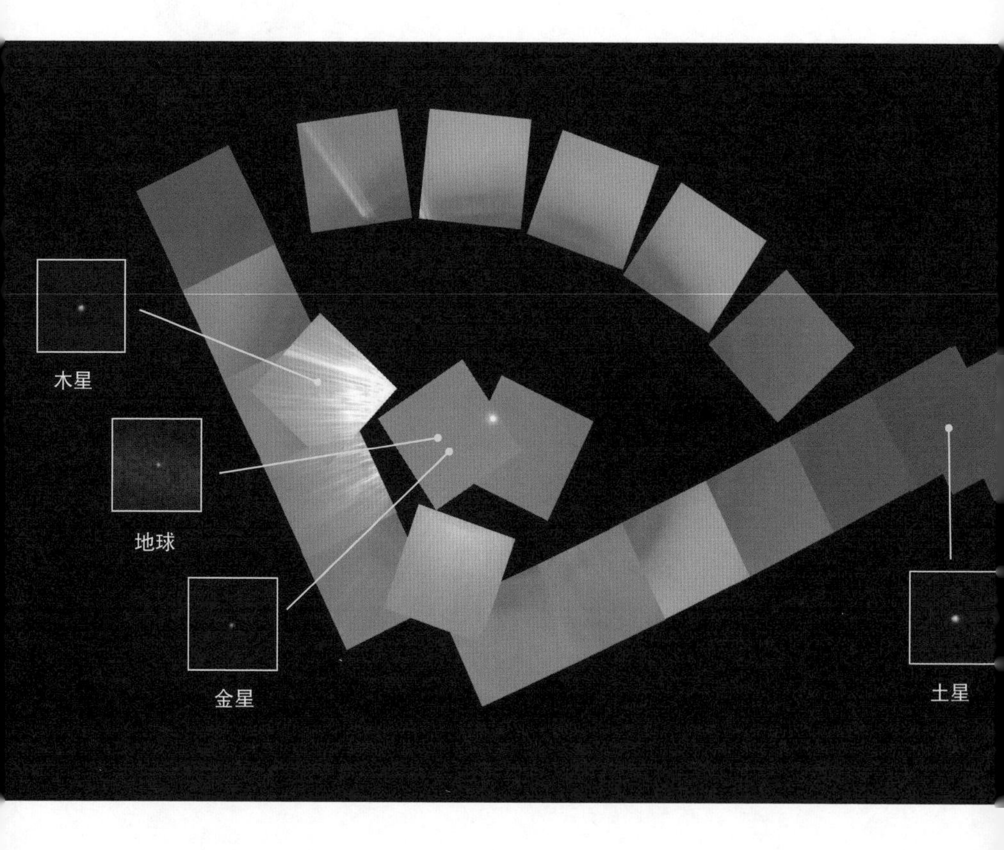

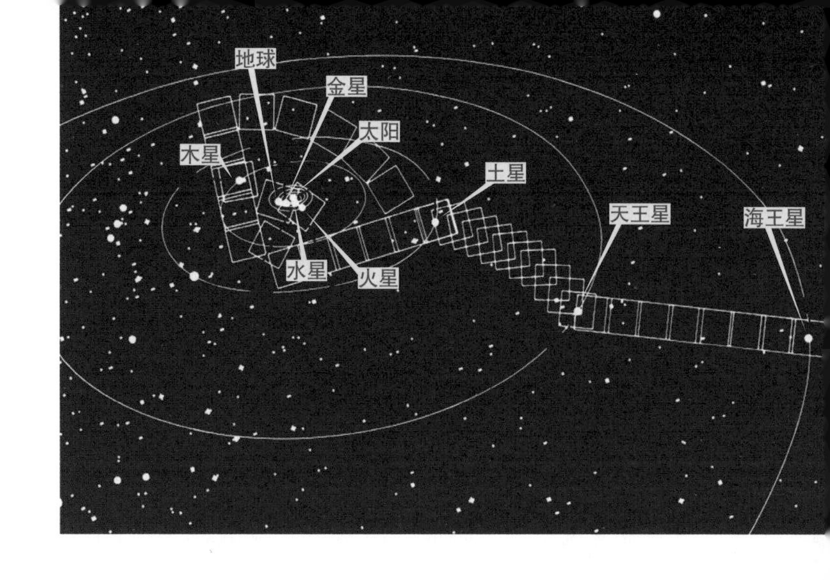

要想把太阳与太阳系中的所有行星都纳入同一张照片，几乎是不可能的事。由于太阳的光线过于强烈，靠近太阳的行星几乎没法被拍到。此图是把旅行者1号在太阳系外拍摄的六十张照片连接成一张的效果。为了便于理解，把它绘制成上图的样子

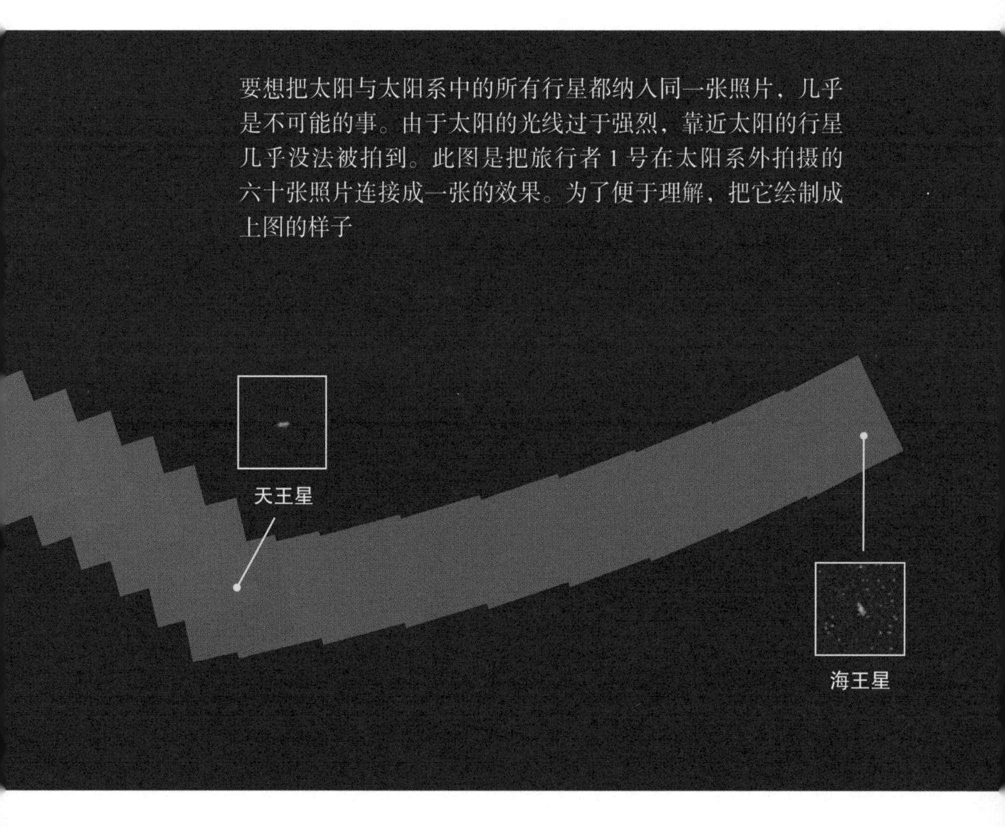

地球的初始

就在此时此刻，有八颗行星正围绕着太阳在各自的轨道上进行公转。如果把太阳系大家庭都拍到一张照片当中，那是多么有趣的一件事！可事实上，这是不可能完成的任务。因为要想把太阳系整个拍下来，就需要所有的星体都能进入一个画面。但事实上，在太阳光线的强烈照射下，靠近它的一部分行星，根本就无法被拍到。

据目前的研究结果来看，地球最初诞生的时间大概是在 46 亿年前。那么地球那时候又是如何诞生的呢？再进一步说，太阳系又是如何诞生的呢？

简单来说，最初是宇宙空间的一些原始气体物质在现在的太阳系周边聚集，逐步形成了最初的太阳系。太阳系周围漂浮的云一样的气体物质，我们称之为“星际尘云”。这些星际尘云因为引力扰动而逐渐旋转聚集，在聚集最多的质量中心区域，形成了太阳。然后这些星际尘云以太阳为中心继续旋转，逐步形成了一个圆盘形。在这个圆盘周围，气体物质继续聚集，最后就成了行星。像这种在引力作用下，原始气体物质收缩聚集的现象，叫“引力收缩”。天文学家们认为，太阳及其包括地球在内的所有行星都是在同一时间段内形成的。当然，这里所谓的同一时间段，使用的计量单位是天文学上的时间单位。因

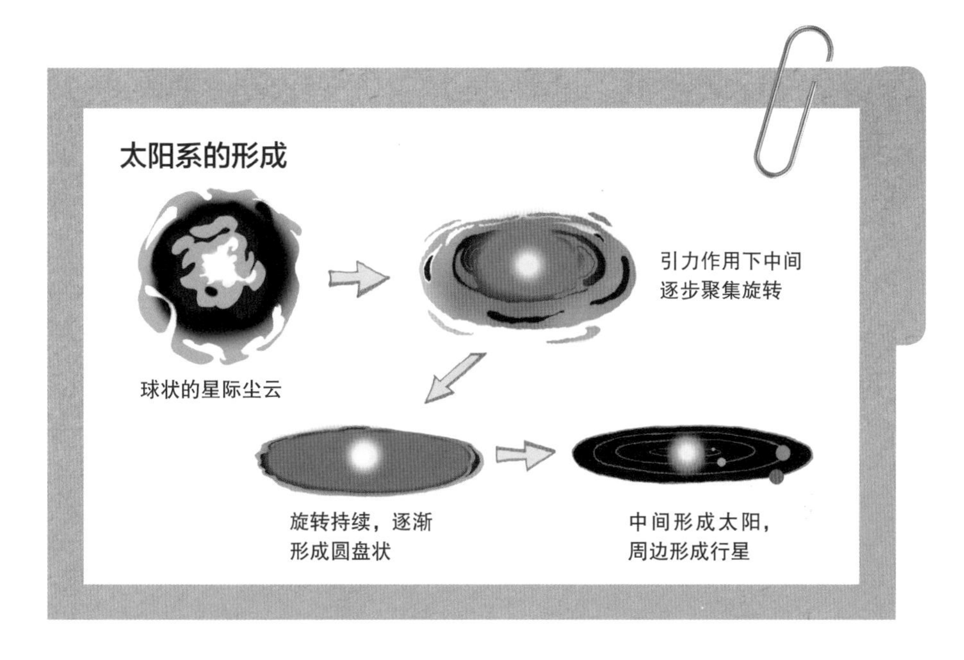

此，几千万年左右的差异，基本可以忽略不计。

原始地球的形成

地球形成之前，太阳系中无数的岩石在太阳的周围旋转聚集并不断发生碰撞。沙石不断碰撞聚集之后，逐渐形成了微行星；无数的微行星在星云周边旋转漂浮。它们不断碰撞又互相吸引聚集，最终形成了大概相当于如今地球十分之一大小的原始小地球。这一时期，地球内部还处于一个主要由铁和硅酸盐混合物构成的均质状态。随着后期碰撞的持续，地球的体积逐步增大，引力也逐渐增大。结果导致碰撞冲突更加频繁，原始地球体积的增长速度也越来越快。同时，随着地球的引力逐步增大，其内部的放射性衰变产生的热量逐渐积累，温度也升高。

液体化的原始地球

原始地球与微行星持续碰撞，由于微行星的体积与地球相比小了很多，所以在与地球发生碰撞后，受到地球引力的影响最终与地球合为一体，这使得地球的体积不断增大。随着地球与微行星的不断碰撞，地球体积越来越大；在碰撞中产生的热量，使地球上蒸发的水蒸气形成了温室效应；同时，地球内部的放射性元素发生衰变的产热也在不断积累，这使得地球的温度越来越高。在这样的高温环境下，地球上的岩石开始熔化，地球表面覆盖着“咕嘟咕嘟”沸腾着的岩浆。那一时期的地球大概有现在地球一半大小。此时，地球内部也开始逐渐转化成熔融状态，出现了对流；密度较大的的物质向地核沉降，密度较小的的物质上浮到地球表面。最终，沉降到中心的铁和镍等元素构成地核，上浮到地表的硅酸盐等成为地壳。

地幔与地核的形成

当地球处于熔融状态的时候，密度较大的金属成分下沉，形成一个金属层。当地球的体积达到现在三分之二左右的时候，这个金属层开始渐渐下沉，最后成为地核。此时，构成地球的各种物质成分，按照其本身密度大小，密度大的向地核移动，密度小的向地表上浮。其中比地核密度小的物质逐步与地核脱离，最终成为地幔。

地壳、大气及海洋的形成

原始地球周围的微行星，在最初与地球不断发生碰撞融合后，碰撞发生次数开始减少，地球增长的速度也随之放缓。随着碰撞产生的热量逐渐变少，地球原本过热的地表开始逐渐冷却，形成薄薄的地壳。原始地球上的大气，是在火山爆发之后，在岩浆逐渐冷却的过程中产生的。当火山喷发的时候，岩浆里的气体一起喷涌到地球表面，释放出大量的二氧化碳和氮气，形成了原始大气层。在现代社会，二氧化碳被看作破坏臭氧层的帮凶；但如果没有二氧化碳，地球上就不可能有植物生长，那么，包括人类在内的所有动物也不可能有机会出现在地球了。

原始地球温度很高，因此大气中含有大量的水蒸气。随着地球温度下降，这些水蒸气凝结成雨水降落到地表，最终形成海洋。其中还有一部分，则因为阳光的照射而分离成氢气和氧气。科学家们推测，当时的火山活动使大量

夏威夷的基拉韦厄火山喷发而出的岩浆

的矿物质离子溶到水中；雨水和江水又把钠和镁等矿物质带入了海洋，使得现在的海水中含有大量盐分。

密度最小的氢气有一部分飞离到地球之外，密度相对较大的氧气则与甲烷发生反应，重新变成水蒸气、二氧化碳和氮气。氧气又因 27 亿年前左右出现在海洋中的藻类植物发生光合作用而重回大气。随着大气中氧气的含量越来越多，被紫外线照射分解生成的氧原子又重新结合成为臭氧。综上所述，地壳、海洋和大气这三者是在彼此间的相互影响下逐步形成的。

只有地球才拥有的海洋

地球与其他行星的不同点之一是表面大部分覆盖着海

洋。任何一个行星都有地壳；大气则根据行星的不同体积，有的有，有的没有。2011 年发射的好奇号火星探测器，最终在火星的土壤中发现了水分子；除此以外，人类还没有发现与地球一样拥有海洋的行星。海洋的出现，是地球表面进化的重要转折点；正因为占据地表面积三分之二的海洋的出现，以及含氧量丰富的大气的形成，才使得多种多样的动植物可以在地球上生长繁盛起来。

现在地球上之所以能有生命体生长壮大，不仅仅是因为海洋的存在，同时还是地球与太阳的适当距离、地球体积，以及地球内部和大气中化学成分构成等多方面因素相互作用的结果。如果当初地球诞生的时候，这些条件稍微有点变化，或者那之后的过程中发生任何其他变化，地球都可能完全是另外一个模样。假如地球当初距离太阳比现在所处位置稍微远一些，就像木星所在距离或者再远一些的话，那就会把宇宙中漂浮着的水冰吸引过来，从而成为比现在体积大得多的行星。照这样发展下去，地球很可能会成为含有丰富氢元素与氦元素的类木行星。此外，地球与太阳的距离、地球的体积以及化学构成、大气的构成、海洋面积等要素，都影响着地球表面的温度。如果地表温度使地球上的液态水温度过高或者过低，那么海洋就不会存在了，地球也会变成与现在截然不同的具有另一种外貌与形态的行星。

旅行者1号和2号

按照旅行者号计划制造出来的美国太阳系探测器——旅行者1号，是迄今为止所有人造物体中飞离地球最远的飞行物。它发射于1977年，1979年与木星交会，1980年又飞掠土星，收集了相关行星及其卫星的很多资料及照片。2004年，旅行者1号到达了94AU（天文单位）远的日鞘所处位置。2006年旅行者1号飞至100AU的距离。旅行者2号在1979年飞掠过木星，1981年与土星交会，1986年和1989年又分别拜会了天王星和海王星，并向地球传送回相当多的资料和照片。

为了宣传地球上的生命体及多样文化，旅行者1号和2号还携带了录有多种声音及影像资料的金唱片以及再生装备。在那个金唱片中，有116张图片以及波浪、风、雷、鸟鸣和鲸鱼唱歌等“地球之声”；同时还有不同文化圈及不同时代的音乐，以及包括韩国语在内的55个语种所表达的问候语。此外，还有当时美国总统吉米·卡特的致词和时任联合国秘书长的演

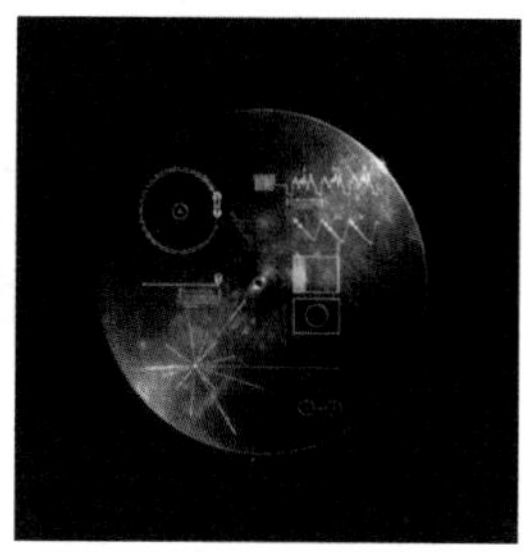

旅行者 1 号和 2 号携带的金唱片的正反面

讲。有趣的是，金唱片中所选用的音乐，有三首是巴赫作曲，两首是贝多芬作曲。由此看来，巴赫会不会在未来的某一天忽然成为宇宙中最有名的地球音乐家呢？还有一些音乐则收录了许多其他国家的民谣。

人类之所以会在旅行者号上装这些东西，无非是希望万一有一天它们被高智商的外星生命发现的话，这些东西能够帮助他们了解地球。但以旅行者号的飞行速度来看，即使飞到距离最近的星体那里，也需要 5 ~ 7 万年的时间。而且它的体积那么小，要想被发现，其实也是一件几乎不可能的事。尤其是考虑到具有较高科技水平与智商的外星生命存在的概率可能更低的情况，希望就更加渺茫了。但是，美国的旅行者号计划花费了巨大的人力与物力，而且它同时也让我们见到了科学家们感性的一面。

月球诞生的秘密

从许多层面看，月球都是一个很有意思的小伙伴。首先，从地球上望去，月球在视觉上就和别的天体不一样。也正因为如此，人类对月球的关注不仅仅局限在科学领域，在文学、艺术等几乎所有领域也都给予它非常多的关注。对于人类来说，月球与太阳、星星一样，都是一种很神秘的存在。但因为从地球上观测月球比较容易，而且两者距离又比较近，所以，与其他天体相比，人类关于月球的知识积累的更多一些。而且随着相关知识的积累，探求月球诞生的起因也就成了一件非常自然的事情。月球是经历了怎样的过程诞生的，很久以来人类一直没有找到答案。虽然人类在天文学、物理学以及验证这些理论所必须的工程技术等方面都取得了长足性进展，但始终没能确定月球诞生的起因。从迄今为止人类所观测到的各种结果以及月球探测器所收集到的资料来看，科学家们给出了月球诞生的几种可能。虽然这几种可能都有各自的证据做铺垫，但没有任何一种说法能够完全合理地阐释月球诞生的过程。在这些说法当中，人们认为撞击说是最具说服力的一个。

检测月球诞生理论是否合理，我们首先要考虑的一个

我们是双胞胎
你是领养来的
同源说
获说
生的秘密
分裂说
撞击说
撞击分裂说
你是我生的

问题，即是否能够合理解释月球与地球构成成分的差异。其次，如果月球的诞生需要一个历史性事件做契机的话，那么这个历史事件发生的概率究竟有多大。在地球与月球的所有差异中，最具代表性的差异就是两者的密度和铁元素含量的不同。地球的密度比月球高，月球上铁的含量比地球低。无论哪种月球诞生理论，都必须能够把这两点差异解释得合情合理，才具有可信性。

关于月球的起源，除了天文学领域之外，从人类情感的角度来说，也一直是一个引人关注的话题。因此，关于这一问题的答案，科学家们一直争论不休。只要这一问题还没有找到确定的答案，那么关于它的争论必然会一直持续下去。

撞击说

在46亿年前，当地球已经初具雏形的时候，它与比自己小（火星那么大）的天体发生了碰撞。碰撞产生的碎片中的一部分，与地球周围其他的星际尘云结合，逐渐形成了月球。如果以撞击说这一理论来阐释月球的诞生，人们不禁会问：为什么地核中含有大量的铁元素，而月球中却没有呢？科学家认为，在撞击发生的时期，地球已经进入了最后的定型阶段。地球上质量较重的铁元素大部分都聚集在地球的内部，而撞击所产生的地球碎片大多是地表上的物质，因此并没有很多铁元素。

科学家们用计算机做了一个撞击模拟实验。他们发现，撞击地球的小天体，其内部的铁元素与地核内的铁元素很可能合二为一了。也就是说，在小天体撞到地球之后，整个天体碎裂，地球的表面部分也发生了破裂。这使得小天体核心部位所含的铁元素，进入了地球并与地球中的铁元素聚在一起，重新构成了地球的核心。而那些质量比较轻的碎片，则汇聚到地球周围，最终形成了月球。按照这一理论，我们就很容易解释，为什么地球的密度是 $5.5g/m^3$，而月球却只有 $3.3g/m^3$ 了。还有一点值得注意的是，月球与太阳系的其他天体不同，它的氧同位素比例与地球完全一致。科学家们利用火星探险器收集的火星成分数据，以及对地球上的陨石碎片进行检测，结果也证明了这一点。这一结果说明，月球和地球可能在形成期出自同源，这就使得月球撞击形成说更具可能性。

此外，如果月球的诞生不是因为类似于天体撞击这一瞬间性事件所导致的话，那就只能把它解释成是经历了漫长的历史过程逐步形成的。可如果这样的话，我们就很难解释为什么在太阳系的其他行星中找不到类似于地球—月球这种具有行星—卫星形态纽带关系的天体。这一点也成为月球撞击说理论的有力支撑证据之一。冥王星虽然带有比自己体积小很多的卫星，但冥王星由于其本身体积太小，被归为矮行星，因而它的情况与地球不具有可比性。

但目前不止一个问题是月球撞击说始终无法给出完美解释的。当科学家们使用计算机进行模拟撞击实验的时候，像地球或者火星这种体积比较大的天体，在撞击的过程中是否真的就能够促成月球这一类天体的诞生，对于这一点，科学家们没有找到足够的证据，只能说存在这样的可能。而且模拟实验本身随着客观条件的变化，其结果也会大相径庭，这一点也值得注意。

同源说

在撞击说理论出现之前，同源说曾经作为早期的月球诞生理论广为人知。也就是认为月球与地球分别是从同一个星际尘云中分离出来的，一块最终成为地球，另一块则成了月球。具体来解释的话，就是在围绕太阳公转的运行轨道上，曾经有一条像土星环那样的星际尘云。随着时间的推移，这条星际尘云中有一部分分离出来，逐渐形成了地球和月球。如果按照这样的理论，地球和月球是由同一块星际尘云形成的，那么两者就应该具有相同的密度与构成比。可是，月球上的铁元素构成明显低于地球，跟水无关，密度也与地球不同。因此，这一理论很快就被否决了。

俘获说

按照这一理论，月球是在与地球不同的另一个区域形成的。然后出于某种不可知的原因，它旋转到了地球附近，从而被吸引过去成了地球的卫星。这个理论可以很好地解释为什么地球和月球的构成成分不一致的问题；但月球作为一个卫星，体积很大，这么大的天体究竟是怎样来到地球身边并被引力场俘获成为其卫星的呢？这个问题解释起来非常困难。而且，就算月球真的是从别的区域飞到地球身边来的，那么月球当时的飞行速度稍微慢一点的话，它就无法成为地球的卫星了，而是被引力牵引直接撞到地球上。反之，如果速度稍微快一点的话，它又会与地球擦肩而过。

分裂说

月球分裂说认为，月球是由原始地球快速旋转时掉下来的碎片凝聚而成的。虽然在构成方面，地球与月球的各方面差异都很大，但其中最显著的一点，是密度的差异。

当原始地球初具雏形的时候，密度大的物质都已经聚集到了地核，密度小的物质上浮到地表。这个时候，月球从地球表面分离了出去，其密度当然就比地球小。而且与地球相比，月球当中铁元素的构成明显偏低，这一点也可以很容易加以解释。铁是密度大的物质，自然会大部分沉降到地核；而分裂出去的月球，其成分更多来源于地表，铁的含量自然就少得多。但后来科学家们发现，从月球采集回来的岩石成分，与地球上的岩石成分明显不同。这就使得分裂说缺少了事实说服力。而且如果当时的月球是在地球比现在更高速旋转时期分裂出去的话，那么，之后的地球和月球的运转轨道应该与现在的运转轨道有很大差异才对。这一点也让月球分裂形成说理论失去了可信度。

撞击分裂说

以上四种关于月球诞生的理论，都已经广为人知。其中一直被认为比较合理的说法就是撞击说。但是，关于月球诞生的有些问题，撞击说也无法完美地给出解释。因此，科学家们一直都在不断更深入地研究月球诞生的相关问题和新的理论。最近备受瞩目的一个理论说法叫作撞击分裂说，这是一种把上面的撞击说和分裂说合二为一的理论。按照撞击分裂说的主张，相当于火星那么大的天体在和地球发生碰撞之后（撞击说），两个天体合二为一。这个天体表面的部分碎片分离并脱离地球，最终形成了月球（分裂说）。

撞击说和撞击分裂说，与其他具有明显问题的月球诞生理论相比，具有一定的可信度。但这并不意味这两个理论就具备了完善的逻辑关系和充分的证据。问题之一在于，要具备让两个相似天体进行碰撞的前提条件并不容易，其发生的可能性也较低；另一个问题在于，使合二为一的天体再重新分裂为两个天体，要具备这样的前提条件也属于小概率事件。当然，我们也不能否认，宇宙中始终有小概率事件发生。

要想彻底弄清楚月球是如何诞生的，这需要我们在以上这些理论基础上进行更多的研究。无论是撞击说还是撞击分裂说，现在科学界公认的月球诞生理论，都有一个共同的前提条件，那就是，月球的诞生一定是宇宙中发生的某一个大事件为之提供了契机。

计算机模拟实验

计算机模拟实验是使用计算机模拟出与实际状况接近的程序，进行观测并得出结果。实验结果的可靠性，主要取决于对实验对象的数学建模是否合理。模拟实验一般都用来模拟一些现实条件中很难具备的条件，用较低的成本在短时间内得出结论。因此，它被应用于诸多领域，如以气象信息为基础的天气预测，或判断月球撞击说是否成立等。

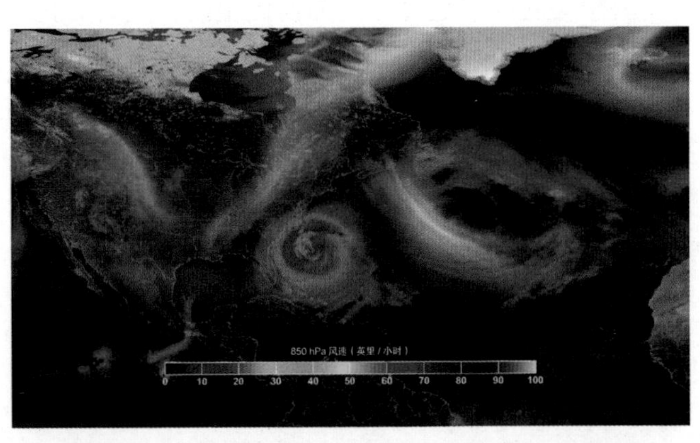

用计算机模拟实验来预测当中心气压为 850hPa 时台风移动的速度

地球和月球的内部什么样？

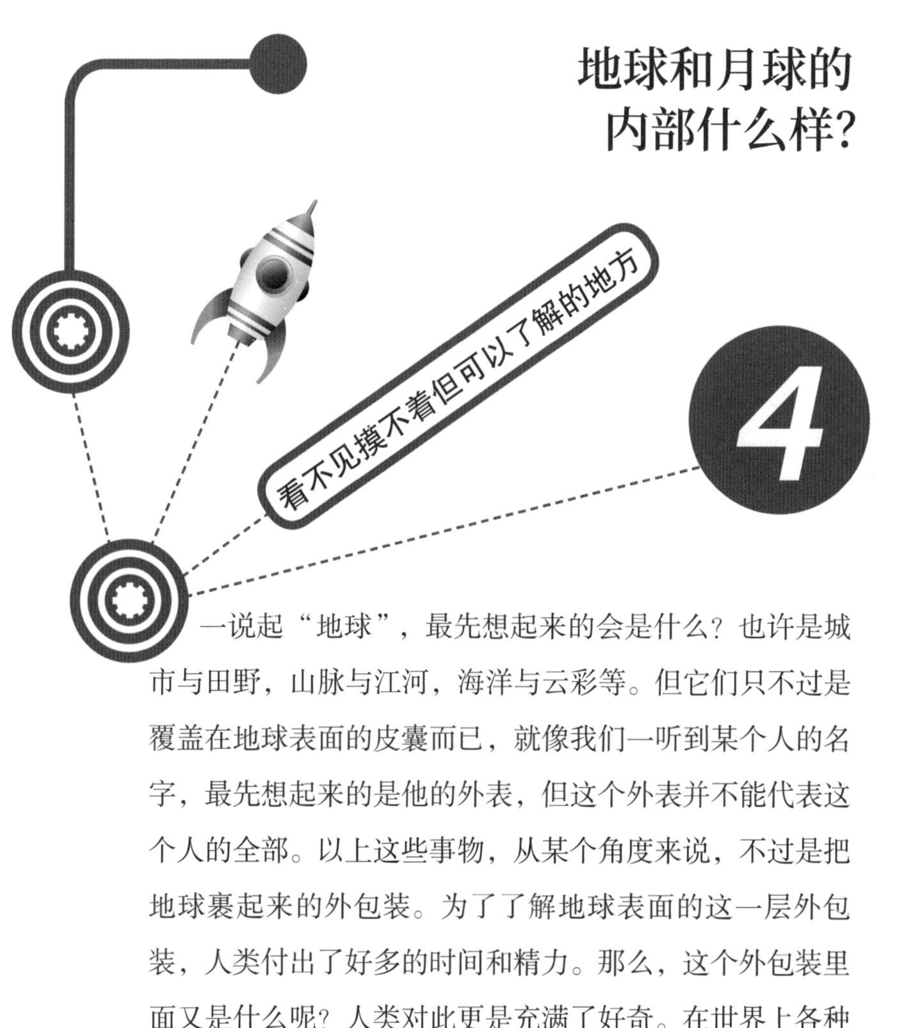

一说起“地球”，最先想起来的会是什么？也许是城市与田野，山脉与江河，海洋与云彩等。但它们只不过是覆盖在地球表面的皮囊而已，就像我们一听到某个人的名字，最先想起来的是他的外表，但这个外表并不能代表这个人的全部。以上这些事物，从某个角度来说，不过是把地球裹起来的外包装。为了了解地球表面的这一层外包装，人类付出了好多的时间和精力。那么，这个外包装里面又是什么呢？人类对此更是充满了好奇。在世界上各种不同的文化圈里，很轻易就可以找到许多关于地底世界的传说。如果没有强烈的好奇心，这些传说和故事又怎么可能一代一代流传至今？

从很久以前，人类就想知道地下或者地球内部的世界是怎样的。而且对此好奇的程度并不低于对地表事物或者外太空天体的好奇与探索。但是，地下是看不见的，因此它在刺激人类的好奇心方面就远不如外部的大自然或者宇宙空间。而且因为现实条件的限制，探索地下世界也成了一件几乎不可能完成的任务。正因为如此，对于地球内部，人类掌握的知识是相当有限的。近来，随着多种科学理论的建立，以及在此基础上的工程技术的发展，人们研究地球内部构造的方法不断推陈出新，使得人们了解地球的内部构造成为可能。与地球相比，月球的内部构造了解起来困难更大。但随着人类月球探险技术的不断进步，还有以前积累的研究结果做基础，我们大体可以推测出月球的内部构造是怎样的。

虽然人类以前积累了不少地球和月球内部构造的相关知识，但直接进入地表下面进行勘测，目前人类还没有一个十分满意的技术手段。但科学事实证明，很多事情的了解，并不一定必须依靠肉眼观察才能实现。即使我们无法用肉眼直接看到，依旧有许多别的办法可以尝试。

脚下的世界

我们脚下的地底深处有什么呢？可能会有人说，挖开进去看看不就知道了嘛。但如果我们挖的深度不够的话，那就什么也看不到。我们在院子里挖土，或者在地里打井的时候，挖出来的无非就是土和水，再深一点也许会挖出来石油或者天然气一类的东西。人类从很久以前就在猜

儒勒·凡尔纳的《地心游记》（左图）以及以此为素材拍摄的电影《地心历险记》（右图）

地底世界与想象力

以地底世界为素材创作的文学作品中，具有代表性的小说是法国作家儒勒·凡尔纳创作的《地心游记》。虽然后来也有许多以地底世界为素材创作的小说、电影以及漫画，但都没有像这部小说一样引起强烈反响。这部小说分别在1959年和2008年两次被拍成了电影。一般来说，以地底世界为素材的小说或者电影，都不如以宇宙空间为素材创作的作品受欢迎。这大概是因为如果以地底世界为背景进行创作的话，总会有一种摆脱不掉的压抑感吧。

384399KM
10KM

测，地下分明有除了这些东西之外的什么神秘物质。火山爆发时喷发出来的大量浓烟和沸腾的熔岩，使人们相信，在地底深处，一定藏着一个火热的世界。

对于世界上的任何事物，如果你觉得好奇，那么亲自去看看会是一个好办法。如果我们想知道地底世界都有什么，那么把地面挖开就可以知道了。人类既对浩瀚的宇宙充满好奇，也对黑漆漆的地底世界感到好奇。在以前，飞上天还是一件短期内不可能实现的事情，但挖开地底去看一看，即使是原始人类也可以做到。在好奇心的驱使下，挖开地面去看看地底世界是什么样，人类这样的尝试计划由来已久。但一旦真正尝试挖开地面的时候，人们才发现，这件事本身并没有想象的那么简单。人类历史上系统性地对地底世界进行挖掘的时候，大多都是为了开采地底的矿产。一般埋藏稍微深一点的矿产，起码要挖到超过 3 千米的深度。当然，所谓的矿产并不是只要挖掘得够深就可以找到。很多情况下，即使挖掘得够深，得到的也只是泥土和岩石（矿物也属于这一范畴）。但人类在挖掘地底的长期经历中有了一个发现，那就是挖得越深，地底的温度就越高。

迄今为止，人类挖掘到的地下最大深度是 12 262 米。这个记录来自苏联 20 世纪 70 年代在科拉半岛进行的钻探工程，从地表一直钻探到地下 12 262 米的深度。美国于 1957 年也开始了地下钻探，但没有在陆地上进行挖掘，而是进行了几次海底钻探作业。现在，日本也开始和欧洲国家合作，共同致力于海洋钻探考察。此外，还有德国在 1987 年到 1995 年进行的大陆深钻计划，从地表一直挖掘到地下 9 101 米的深度。在地下 9 千米深的地方，发现温度已经达到 265 摄氏度。

以上这些事例都向我们证明了地下钻探存在的技术难度。因为在如此高温环境下，想要找到适合继续钻探下去的钻头、机器原材料，以及能够制作连接地下电路的原材料，都不是容易的事。由以上事例我们可以看出，发达国家间的竞争，毫无例外都是存在于科学领域。事实上，如果不是以科学考察为目的，而是为了寻找海底油田而进行钻探作业的话，其深度往往还要更深。比起那些总是因为各种财政预算而被迫停止的科学勘查，这种可能带来大把钞票的海底油田的钻探作业也许更能刺激人们的欲望吧。

无论出于怎样的原因，存在于宇宙空间中的物质，相互之间只要达到相应强度的引力作用，就能够聚集到一起，形成一个云团。这个云团中的各种组成成分（岩石、灰尘等）在引力作用下，互相靠近汇集，最后形成大块的天体。这种天体随着自转，其中密度较大的物质越来越向中心部位靠拢，而密度较小的物质则越来越向外缘移动。

位于德国巴伐利亚的地下钻井工程。现在这里已经成了一个旅游景点。当初进行钻探作业所花的费用，光靠旅游景点的收入根本无法回收由于形成天体的物质本身都带有引力，所以它们之间互相产生作用力。比起密度较小的物质，密度较大的物质在单位体积上相对更大的引力作用下，慢慢移动到天体的核心区域。哪怕是再小的一个微粒，其自身所具有的引力，也能够成为促进天体形成的原动力。无论是哪种天体，构成其核心区域的，一定都是密度较大的物质，地球与月球也一样。

以人类现有的科技水平，还无法直接观测地球的内部构造。但依据各种间接观测数据和研究成果，地球从内部到外部的构造大约可以分为五层；而且越靠近内部核心区域，其密度也越大。地球的核心区域是由固态金属成分构成的地核；往外则是由液态金属构成的外核。再往外，则是由一层被称为地幔的区域包裹着。地幔又分为上地幔和下地幔。地幔再往外，就是地壳了。

地球的内部结构，可以根据其化学成分的构成进行划分。从地球内部中心区域到地壳，越往里密度越大，温度越高。在我们能用眼睛直接看到的地壳以下，是与之相连的地幔。上地幔部分虽然不是液体，但与地壳相比，它处于一种接近于液体的熔融状态。

除按照化学成分的构成进行划分之外，地球的内部结构还可以从力学的角度，按照其组成成分的运动形态及功能进行划分。依据这一标准，地球内部可以分为岩石圈、

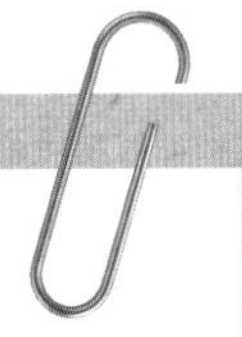

地球内部构成与特征

名称	深度（km）	密度（g/cm³）	主要成分	温度（°C）
岩石圈	0–60	–		
地壳	0–35	2.2–2.9		1 000
地幔	35–2 900	3.4–5.6	镁、铁、铝、硅	
外核	2 900–5 100	9.9–12.2	液态铁，硫	3 700
内核	5 100–6 378	12.8–13.1	固态铁	4 300

软流圈、中间圈、外核和内核。岩石圈是地壳加上地幔上层比较坚硬的那个部分；软流圈则是包含了岩石圈下面到地球的上地幔部分。

因为我们无法直接观测一个像地球这么巨大的球体的内部结构，所以，我们可以使用一个类似于医生听诊器一样的装置间接地给地球"听诊"。无论是检查人的内脏，还是勘探地球的内部构成，两者使用的原理其实是一样的。

从波的传播角度来看，声波、光波、电磁波三者都具有可以传播的性质。但因为它们各自传播特点不同，所以三者的名称也就不同。同样一个传播频率，有的物体可以通过，有的物体则无法通过而且会发生反射。比如，光波可以通过玻璃，但声波却不能；电磁波可以通过纸张，而

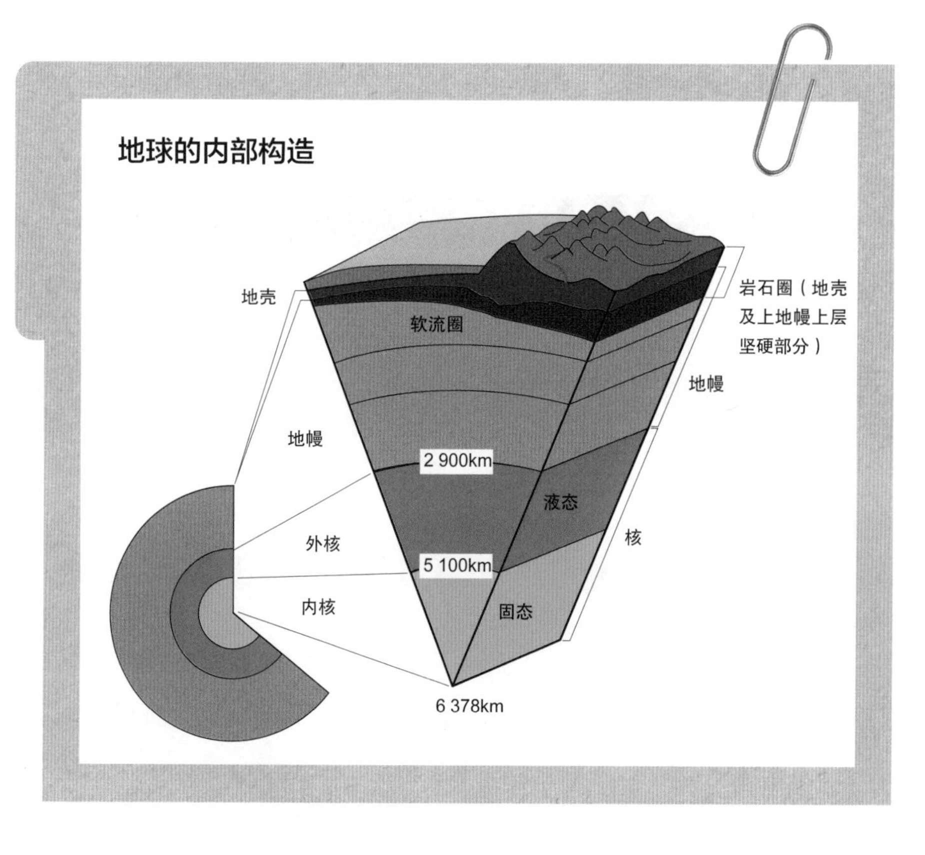

光波却不能。X 光是我们用肉眼看不到的。它可以穿过我们的肌肉，但却无法穿过骨骼。因此，我们拍完 X 光片后会看到，上面只显示了我们的骨骼情况。依照这一原理，我们可以利用对象物体对波的传播特点的不同，来判断和了解其内部结构。

地震发生时，从震源会发出两种波动，纵波（P 波）和横波（S 波）。纵波可以穿过地核及地幔，而横波却只能穿过地幔。因此，在世界上许多发生过地震的地区，观测地震波的时候，随着观测点的不同，有的地方既可以观

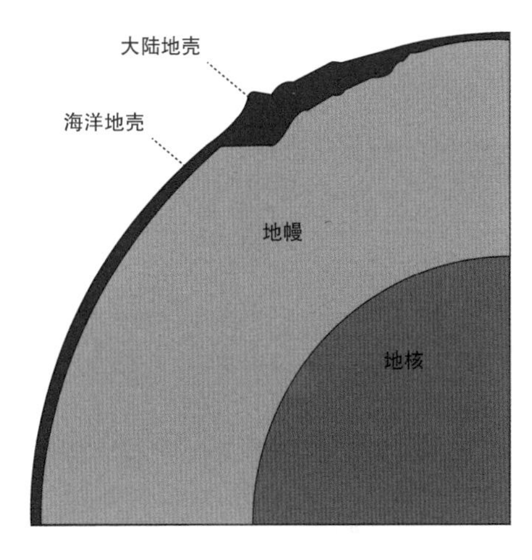

化学构成
根据化学成分的构成进行划分

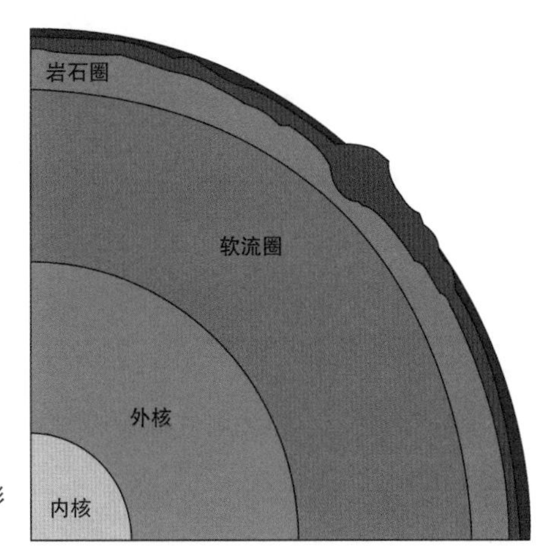

力学构成
根据组成成分的运动形态及功能进行划分

地球的内部构造及成分，可以根据地震等自然现象的观测结果进行推断测到纵波，也可以观测到横波；而有的地方则只能观测到纵波。还有的地区因为处在和震中位置正好相反的地球的另一面，所以什么波都收不到。利用这样的观测结果，我们就可以判断和了解地核与地幔的大小及性质了。

虽然我们可以利用地震波在通过地幔或者地核时的不同特点来判断它属于哪种波动，但这样强度的震波绝非人工可以制造出来。这样的震波，只有在像地震这种强大的震动冲击下才可能产生。我们通过了解地震所产生的冲击波在地球内部的传播方式，可以大概判断地球内部的构成。世界上的任何事物都具有两面性。从人类生活的角度来看，地震带来的绝对是灾难；但从另一个角度来说，它又成为人类研究地球内部构造的一个重要手段。

如果我们想要了解某个事物的内部构造，把它打开是最直接的方法。但有时候我们却做不到这样，那就只能利用一些间接的方法去解决这一问题了。医生利用 X 光机、B 型超声诊断仪、核磁共振仪等医疗设备，检查人体的内部器官，为我们解决这类问题提供了很好的范例。

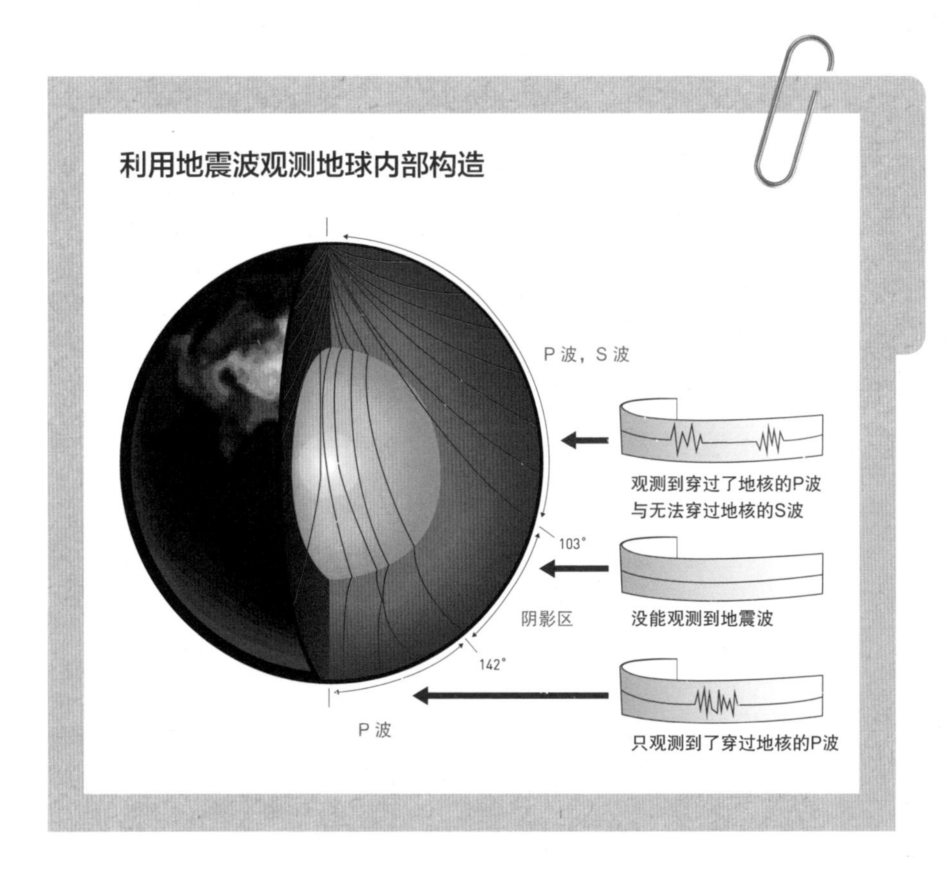

月球的内部构造

了解月球的内部构造，不用说我们也知道，一定会比地球的难度大得多。但人类在经过了几十年的观测和调查之后，已经大体掌握了月球的内部情况。月球的中心是由内核和外核构成的：内核中含有丰富的固态铁，估计半径为 240 千米；外核由液态铁组成，估计半径为 300 千米。从月球的中心向外大约 500 千米，那里呈现出部分熔化的状态。科学家们认为，目前月球的构造，大体和它 46 亿年前诞生时候的样子差不多。

在太阳系中，月球是继木星的卫星——木卫一之后，密度排名第二的卫星。月球的密度虽然挺大，但它的核却很小，估计半径为 350 千米。这个数值只占月球整个半径的百分之二十；如果与占地球整体大小百分之五十的地核半径相比，月球的内核可以说实在是太小了。虽然目前我们还无法彻底确定月核的构成物质，但大体上是由硫、镍及铁元素构成。月球的平均密度为 3.3g/cm³，约为地球密度的五分之三。从其构造来看，基本也是由覆盖表面的月壳及其下面的月幔，还有中心部位的月核共同构成的。许多科学家认为，月球目前的这种构造，主要是由于 46 亿年前短时间内喷涌而出的火山熔岩在覆盖月球表面后又冷却下来所形成的，这与地球非常相似。

但是，月球本身体积不大。所以它并不能储存足以熔化表面岩石的能量。这也间接说明了科学家们关于月球产生原因的推测是正确的，即月球并不像其他天体那样是由周边的物质聚集而成的。如果内部没有储存足够巨大的能量，月球这样的天体就无法通过物质凝聚的方式最终形成。所以，科学家们提出的月球撞击生成说就更显得有说服力了。

从地质学的角度来看，月壳主要是由斜长岩构成的。

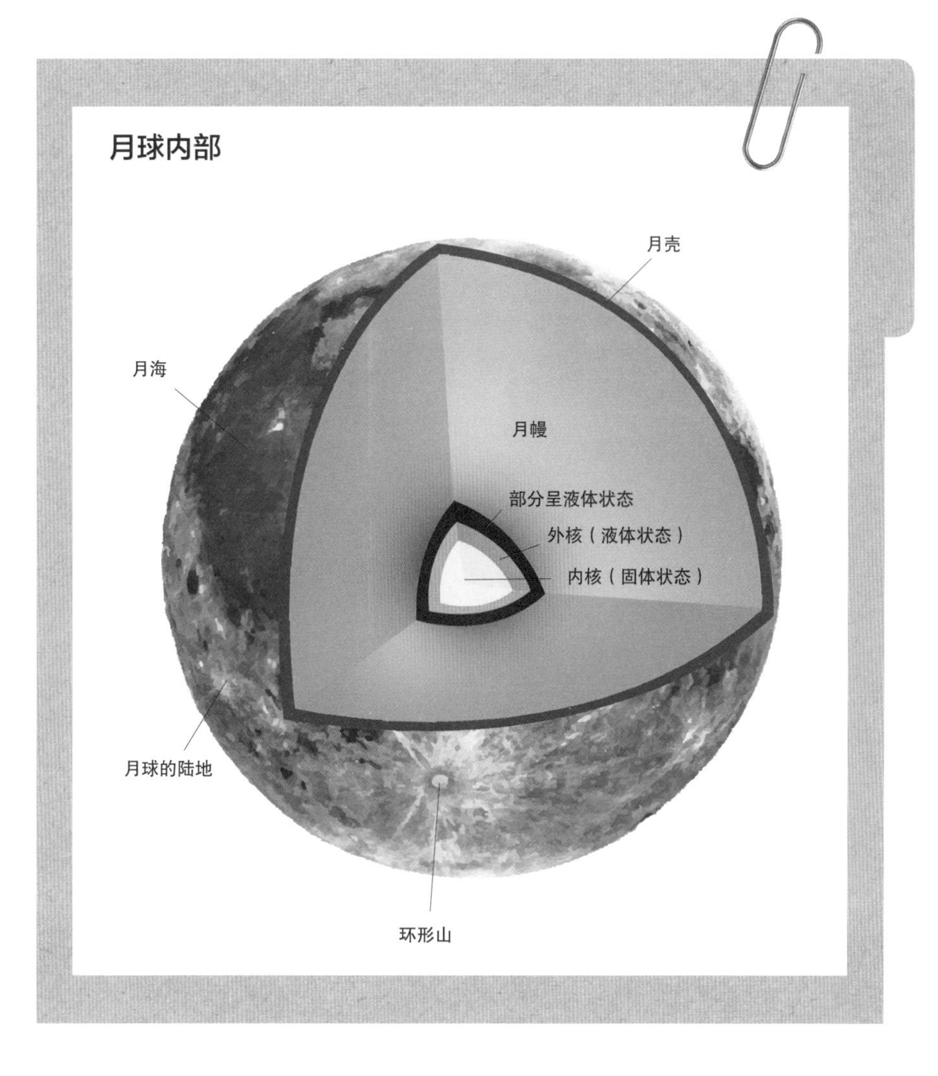

这与科学家推测的月球表面曾经覆盖着火山岩浆、岩浆冷却后成为月壳的推测相一致。构成月壳的元素主要有氧、硅、镁、铁、钙、铝等，其厚度大概在平均 50 千米。从月幔中喷涌而出的液态物，在月球表面形成了玄武岩。通过对玄武岩的分析，科学家们得出结论：月幔中所含的铁元素，要比地幔中丰富得多。有一部分玄武岩中还含有一定程度的钛，这说明月幔也是由多种多样的物质构成的。而且月球上也会像地球上发生地震一样出现月震。与地球不同的是，月球上的月震总是发生在距离月球表面 1 000 千米以下的月幔深处。这种月震的发生，并不像地球那样是因为地幔的运动造成的，而是与地球和月球之间的潮汐力有关。

潮汐力

围绕其他天体旋转的天体被称为卫星。实际上所有在轨道上发生相对运动的天体，都是围绕着两个天体的共同质心进行的。只是因为，一般来说，卫星的体积相对比较小，所以看上去感觉是小的卫星围绕着大的天体运动。地球和月球的共同质心位于从地心向月球方向地球半径的四分之三处，这使得月球看上去好像在围绕着地球运动一样。

潮汐力产生的原理

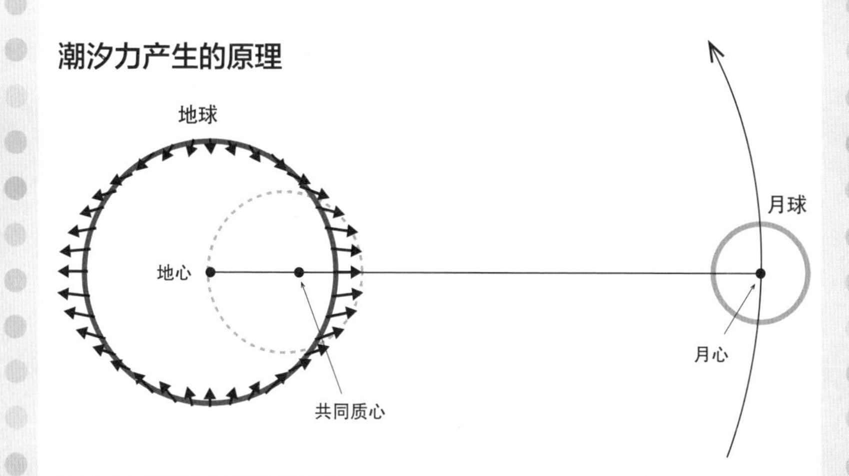

从上一页图来看，在地球朝向月球的一面，月球的引力和地球以质心为圆点进行旋转时产生的离心力共同发生作用；而在背向月球的一面，地球表面以质心为原点旋转产生的离心力则向地球外部方向发生作用。这种作用力就是潮汐力。因此，当地球上一个地点涨潮的时候，在这个地点的地球背面区域也会涨潮。由此可以看出，潮汐力是由两个天体之间引力关系所表现出的一种力，它存在于所有的天体之间。只是像地球和月球这样进行周期性轨道运动的天体，看上去显得更有规律一些。

潮汐力其实是对天体产生挤压的一种力，因此，如果它的力量大到超过了天体受力极限的话，天体就会粉碎。但在地球和月球之间，月球的潮汐力没有大到使地球被挤坏甚至碎掉的程度。地球上海水受到潮汐力的影响，出现涨潮和退潮现象。因为涨潮和退潮被称为潮汐，故这种作用力就被称为潮汐力。严格一点说，潮汐力并不仅仅局限于是引起涨潮和退潮的一种力，而是这种力在涨潮和退潮现象中比较常见而已。潮汐力对月球当然也存在影响，月球的自转周期与公转周期变得相同，就是地球潮汐力产生作用的结果。举个简单的例子，比如田径项目中的链球比赛，抓住链球的运动员就相当于地球（质量大的一方），围绕运动员旋转的链球就相当于月球（质量小的一方），两者之间的相互作用对运动员和链球最后产生的影响是截然不同的。同链球与运动员的关系一样，月球的体积比地球小许多，但两者之间彼此的作用力所造成的结果却大相径庭。月球对于地球的影响，不过是使地球上出现了周期性的潮汐现象。但对于月球来说，潮汐力却会使月球内部不断受到摩擦挤压，因此会周期性地发生月震。由此可见，质量大的物体与质量小的物体之间存在的受力关系，虽然保持平衡，但最终对双方造成的影响，却完全不同。

呼吸的地球

地球活着，地球上的生命体才能活着

5

虽然从生物学的角度来看，地球并不是一个生命体，但从它诞生的那一刻起，它就不停地生长变化着。从这一角度来说，地球与一般生命体也没什么不同。不仅仅是地球，所有的恒星与行星从诞生的那一刻起，一直到最终消亡，都在经历着各种成长变化。由此可见，地球也可以说是在活着并且呼吸着的生命。了解地球以怎样的方式存在并运行，了解地球至今都经历了哪些事情，也许可以帮助我们更好地理解地球。有句话说，你的过去，构成了你的现在。地球也是如此。那么，如果我们正确地认识地球当下的样子，是不是就可以借此来预测一下它的未来？

蓝色的海洋，蓝色的地球

在不远的将来，即使没有经过特殊培训的普通人，也可以去大气层外的宇宙空间进行旅行了。在那一天到来之前，我们只能通过在宇宙中拍摄的照片或者视频来审视地球。从宇宙空间望向地球，可以看到蓝色的海洋与洁白的云彩，非常美丽。假如外星人看到地球的话，他们的第一反应很可能是“发现了一个海洋覆盖的行星”。实际上，海洋只覆盖了地球表面的三分之二，剩下的三分之一是陆地。因此，从地球表面的整个分布来看，如果把陆地说成是一片汪洋大海中点缀着几个大的岛屿，倒也没错。海洋占据着地球表面的绝大部分，并且为地球上生命体所必需的水提供来源。

海洋的诞生

地球上的水来自哪里？从太阳系其他行星上也有水存在过的痕迹或者冰冻水的情况来看，至少在宇宙中，水（严格点说是水的固体形态——冰）并不是一种稀缺成分。但无论是水还是冰，为什么现在只有地球上才有水资源存在？对这个问题，我们至今没有找到确定的答案。关于地球上水的来源，有很多推测。这些推测虽然有一定的

洋流

韩国首尔的气候比南部的釜山冷。韩国再往北，俄罗斯的西伯利亚气候则更为寒冷。一般来说，越往北（越靠近极点），气候就会越寒冷，这是常识。但当我们打开世界地图或者从地球仪上找一下欧洲，就会发现，欧洲比韩国的纬度更高，几乎处于和西伯利亚同样的纬度上，那为什么欧洲不像西伯利亚那么冷而且还生活着那么密集的人口呢？西伯利亚因为气候过于寒冷，人口非常少，甚至连动物都很稀少。但欧洲却不是如此。为什么会这样呢？这是因为墨西哥有股温暖的海水流向欧洲大陆。这股海水被称为墨西哥暖流。墨西哥湾暖流温度较高，因此起到了使欧洲气候变暖的效果。

从整个地球来看，海水也是有着一定的流向的。这样的海水我们称之为洋流。自古以来，洋流和季风一起对海上的交通状况产生影响。如果顺风顺水行驶，哪怕走的路线不是最短距离，也可以很快就渡过海洋到达目的地。

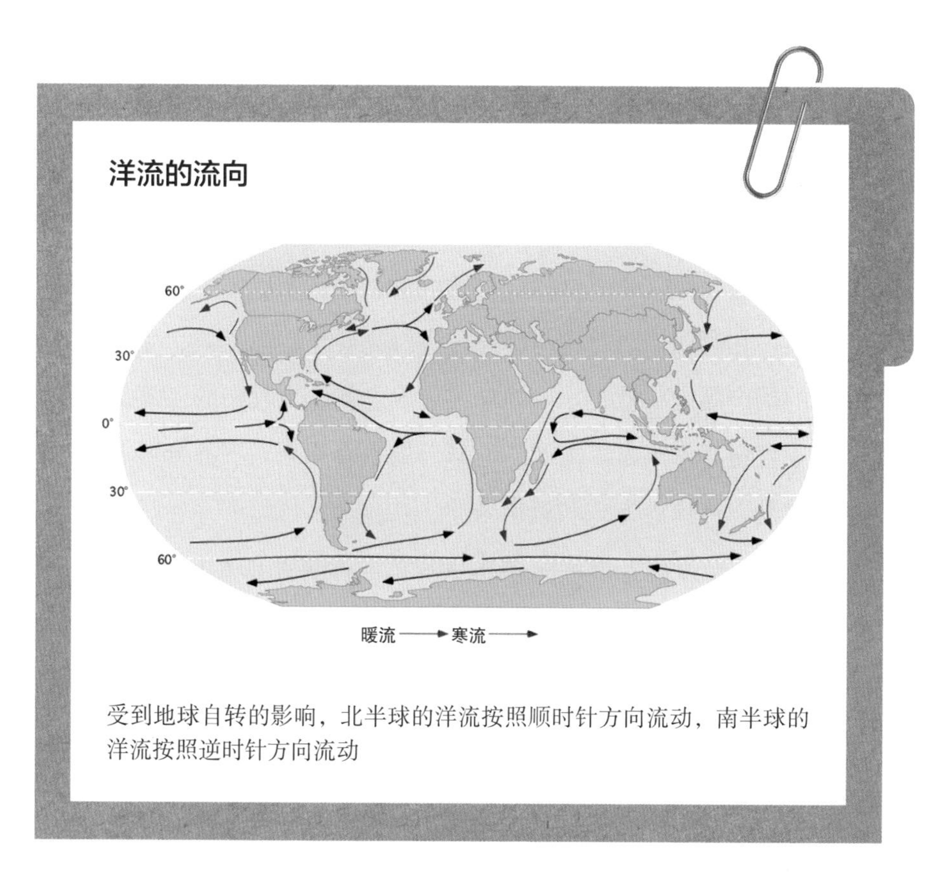

洋流的流向

受到地球自转的影响，北半球的洋流按照顺时针方向流动，南半球的洋流按照逆时针方向流动

道理，但我们很难确定哪一个才是地球上水资源的真正起源。

关于地球的诞生，有一个广为人知的理论就是，它从一开始形成的时候就含有许多成分，其中就包括冰。按照这种理论，地球内部所含的冰，通过活跃的火山爆发，变成水蒸气来到了地表。水蒸气与大气发生反应，冷却之后变成雨水又回到了地上。在地球所含的水分当中，至少有一部分水是通过与小行星、彗星或者地球形成初期其他大大小小的天体相碰撞得来的。而且个理论已经被证实。我们发现，在宇宙当中，以冰的形式存在的水并不少见，这也间接证明了以上观点。与此同时，地球上有一部分细菌，在利用二氧化碳与硫化氢进行光合作用的时候，生成的副产品之一就是水。地球在形成之初，大气中的二氧化碳含量非常丰富。因此，地球上的水有相当大一部分可能就是以这样的方式制造出来的。

另一方面，海洋是由水构成的。密度高的水流下沉，密度低的水流上浮，这就在海洋中形成了明显的对流现象。海洋中的对流现象，导致了洋流的形成。洋流又与大气中的对流现象一起使地球上的空气循环起来。这不仅使地球上各个地区都形成了自己特有的气候，同时在稳定地球整体性气候方面也发挥了巨大作用。由此可以看出，对于地球来说，海洋可不只是一汪平静的水，也是特别活泼好动、有自身规律、一直处于移动状态的大水箱。

大气是地球上的高速公路

一到春季，在韩国的大部分地区，说不定什么时候就会被席卷而来的沙尘暴侵袭，这主要受到东亚沙漠的影响。黄沙被狂风裹挟着四处蔓延，会影响周边。

一些企业会在海边建工厂。虽然工厂并不一定非要建在海边，但在许多因素影响下，工厂建在海边确实可以享受到许多便利条件。比如，把工厂建在海边，就可以利用海水解决工厂里的冷却水问题；同时，工厂建在海边，就会与海港毗连，这可以使工厂在运输物流方面降低成本。但是，如果大规模地建设那种治理污染问题不达标的工厂，从环保的角度来说，这就不是人们所期待的事情了。

20 世纪 80 年代到 90 年代，酸雨曾在欧洲引发很大问题。因为环境污染，雨水带有很强的酸性，导致欧洲许多地区的森林树木死亡。人们被酸雨直接淋到的话，对人的身体健康也会造成不好的影响。因此，酸雨一度在欧洲成为一个较大的社会性问题。为此，欧洲各国从造成酸雨的根源——减少汽车尾气和工业废气等方面着手，付出了很多努力。但当时的英国对于酸雨问题的解决，始终抱有一种较为消极的态度。英国抱有这样的态度是有深层原因的。当时的酸雨现象，主要发生在位于英国东面的欧洲地区。要想减少酸雨现象，英国当局就必须对落后的产业设施进行升级改造，而英国政府并不情愿负担这么大一笔费用。

但是环境和空气污染问题没有国界，各方都应以科学和建设性的态度看待相关问题，并积极寻求解决办法。

从以上内容我们可以看出，大气是以风的形态环绕地球流动的；可以说它既是运输水分及各种物质的高速公路，同时又是一辆巨大的运输卡车。地球上的水分之所以能够循环运动，主要是因为大气的流动；像火山爆发或者核爆这种国际性灾难，之所以能够在数日或者数周之内影响整个地球，也是因为大气的流动。在大气通过对流现象搬运的物质当中，最重要的成分就是水。水大部分来自海洋上蒸发的水蒸气。大气把水蒸气搬运到地球各个角落，影响并维持着地球的气候。大气就像高速公路，而水就相当于利用高速公路运输的物资。

大气是什么时候，以及怎样形成的

在地球诞生的最初五亿年间，地球内部原来含有的气体，随着火山爆发一起喷出地表，然后分解成氢气、甲烷、碳氧化物、水蒸气等，构成了原始大气。在太阳的照射下，水蒸气又分解成氧气与氢气；氨气中又分解出氮气；氧气与甲烷反应生成水与二氧化碳。科学家们推断，到了大约35亿年前的时候，含有二氧化碳、一氧化碳、水蒸气、氮气、氢气等成分的大气逐步形成。随着原始地球与小行星的撞击逐渐消失——因为撞击所产生的能量减弱——导致地表散热也逐步停止。最终，覆盖地表的热熔

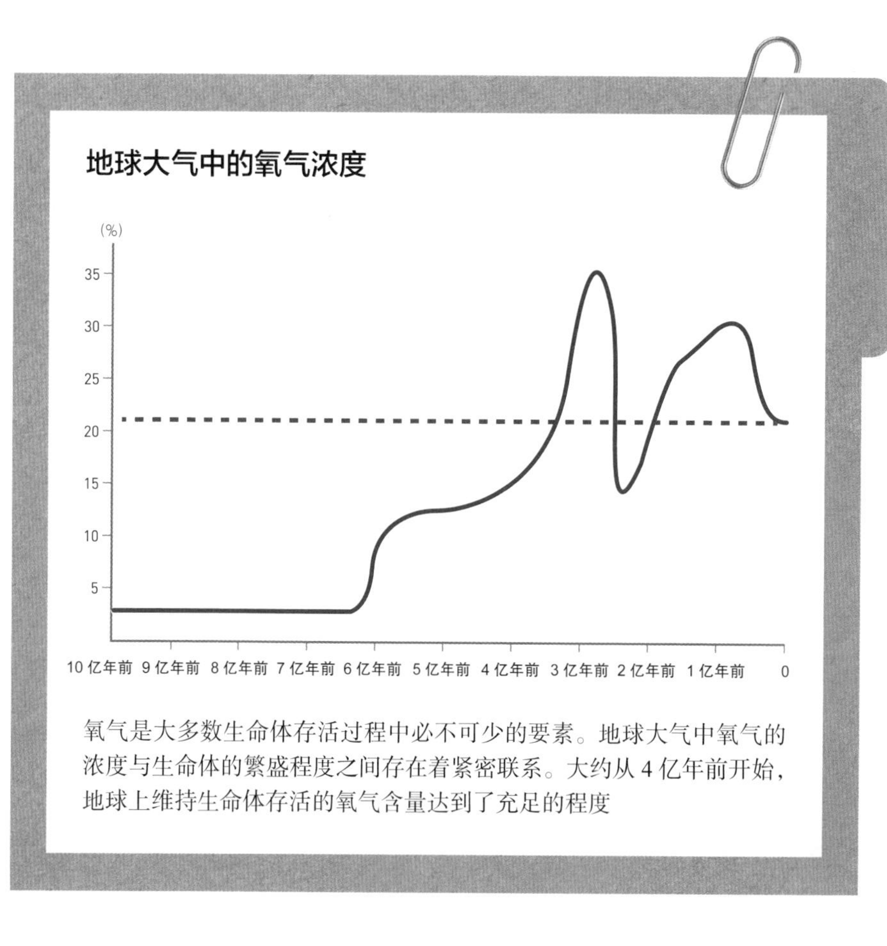

氧气是大多数生命体存活过程中必不可少的要素。地球大气中氧气的浓度与生命体的繁盛程度之间存在着紧密联系。大约从 4 亿年前开始，地球上维持生命体存活的氧气含量达到了充足的程度

岩开始逐渐冷却，最终变成坚硬的岩石，地表温度逐渐降了下来。随着地表的降温，漂浮在天空的水蒸气冷却并降落到地表。降下来的水蒸气会在合适的时机重新转换成雨层云形成降雨，这样就出现了海洋。

大约从 10 亿年前开始，有机物开始出现，并通过光合作用从二氧化碳中分解出氧气，大气中的氧气浓度开始升高。大气中的氧气，在受到太阳的紫外线照射后，形成

臭氧。这些臭氧逐渐形成臭氧层，起到了阻止紫外线的效果，把地球保护了起来。臭氧层的形成，为地球上的生物栖息提供了一个有利环境。紫外线对生物组织有破坏作用，因此，暴露在紫外线照射的环境下，生物是难以生存的。有意思的是，地球上空的臭氧层就是因为紫外线照射才形成的；反过来它又对大部分的紫外线产生了阻挡作用，使得最终到达地表的紫外线降低到一个适当的程度，从而保护生物存活下来。臭氧层大约形成于6亿年前，从这一时期起，植物的光合作用开始活跃起来，大气中的氧气浓度急剧增加。

紫外线

波长在一定范围内的电磁波，可以被我们的肉眼看到，这样的电磁波叫作可见光。可见光在穿过三棱镜之后会折射成几种颜色。在彩虹的红、橙、黄、绿、蓝、靛、紫七种颜色光线中，波长最短、频率最高的是紫色。比紫色光频率更高、位于光谱紫色光之外的电磁波，取其“紫色光谱之外的电磁波”之意，起名为“紫外线”。紫外线对生物组织会产生破坏作用，大部分生命体在强紫外线中暴露过久就会死亡。太阳光中虽然有强紫外线的照射，但地球上空的臭氧层能够阻挡97%的紫外线，使得大部分动植物的生存不受紫外线影响。但有些微生物，即使受到到达地表的少量紫外线照射也无法生存。因此，当我们把洗好的衣物晾晒到太阳光下的时候，利用紫外线就可以起到杀毒的效果。我们有时候被太阳晒黑，这也是紫外线在起作用的结果。

大气是由什么构成的

地球大气中的 78.08% 是氮气，20.95% 是氧气，剩余的是少量氩气及二氧化碳等。当然，从地球科学的角度来看，这样的数值只是当下大气的构成情况，并不是地球从诞生之初就一直这样。在以上气体中，与生命体联系最紧密的当然是氧气。但通过对原始地球上的氧气含量研究结果来看，在地球诞生之初的很长一段时间内，大气中的氧气含量只有不到 5%，非常稀薄。直到大约 6 亿年前，才开始逐步增加直到今天的 20.95%。即使在这个时期内，氧气的含量也一直大幅变化。直到大约 4 亿年前，氧气的含量才持续维持在占大气总构成的 15% 左右这一个稳定值。这就为后来生命体的生存繁殖提供了非常有利的环境。

人类至今没有找到地球上氧气含量剧增的明确原因。但有一点是确定的，随着氧气含量的增加，动物也开始进入繁殖的旺盛期。我们知道，植物是需要二氧化碳与阳光的，动物需要的则是氧气。从逻辑关系上看，只有植物生长繁盛，动物才有大量生存的可能。大气中氧气含量达到了 20.95%，就意味着地球上能够制造氧气的植物数量已经很充足了，而且在食物链中处于植物上端的动物也开始有了充足的食物。

大气分层

在地壳上面有大气圈，大气圈是因为重力作用，附着在地球周围的空气层。由于受到重力作用影响大小的不同，大气圈中的不同高度的大气各种气体含量不同。一般根据高度的不同，可以划分为对流层、平流层、中间层和热层四个层次。

在对流层和中间层，随着高度的增加，气温会下降；而在平流层和热层，随着高度的增加，气温会升高。虽然大气中的主要成分是氮气和氧气，但此外也包含了许多其他种类的气体；从地表往上到 100 千米高度的空间内，大气的成分比几乎保持不变。

对流层

对流层作为空气发生对流现象的区域，位于距离地表往上大约 10 千米的高度上。在对流层范围内，高度越高，气温越低；大约每升高 100 米，温度会下降大约 0.65 摄氏度。因此，在距离地表大约 10 千米的高度上，温度大约在零下 50 摄氏度。而且，在构成大气圈的所有气体中，大约 75% 的气体都集中在距离地表最近的对流层内。对流层里的大气不断流动，才使得云和雨等气象现象随之产生。

平流层

从地表往上 10~50 千米的区间范围，被称为平流层。在平流层的中间高度区域，即距离地表大约 20~30 千米的范围区间内，有臭氧层。臭氧层可以吸收来自太阳的紫外线，使到达地球表面的紫外线大幅减少。因为强紫外线对生命体有很大的伤害，所以，臭氧层也可以说是阻断太阳紫外线、保护生命体的保护膜。在平流层的下半部分，气温大约在零下 50 摄氏度；但在平流层的上半部分，吸收了紫外线的臭氧层对它之上的大气有加热作用，所以随着高度的增加，气温升高。正因为如此，在平流层范围内，没有上下层空气发生交换的对流现象，自然也不会产生云。像这种因为地球重力的影响，空气中较重的气体处于下方，较轻的气体处于上方，空气平稳流动分层的区域，我们称之为平流层。

中间层

大气圈平流层与热层中间的区域，称为中间层。大约位于地表往上 50~80 千米的高度范围内。在中间层内，高度越高，温度越低。在大约 80 千米的高度上，气温大概会跌至零下 90 摄氏度。因为越往上温度越低，所以这一区域内有空气对流现象出现。但因为实际上空气非常稀薄，所以几乎不会发生任何气象现象。

大气圈的构成

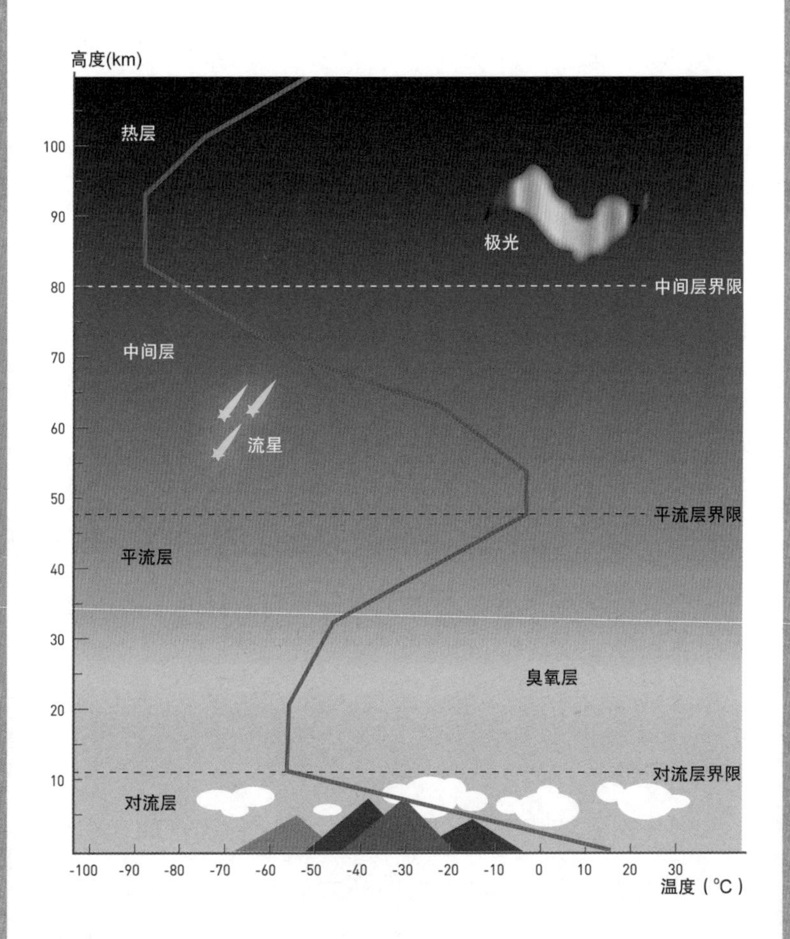

随着高度的增加，大气圈出现几个具有不同特点的分层；每一层的界限都不是很明晰。与人类的一般认知不同，在平流层和热层里，高度越高，温度也越高

热层

热层位于中间层之上距离地表约 100 千米的高度范围内。在热层内，高度越高，气温也随之升高。但在这一区域里，几乎没有空气存在；气温受太阳辐射影响大，因而温度变化明显，白天和夜晚的温差非常大。热层的名称主要是因为在这个区域，温度增加明显。在地球两极才能看到的美丽极光现象，就发生在这一层。

变化的土地

“五百年都城匹马过，人杰已逝，只余山依旧。”

这是高丽亡国之后，高丽诗人吉再游览故国首都开城时留下的诗句。作为高丽王朝曾经的官吏，他亲眼看到高丽王朝的灭亡以及朝鲜王朝的建立。在朝鲜王朝建国后，他请求归隐。当他再次来到开城，看到城内衰败的样子，大概心里很是悲凉吧。足足繁盛了五百年的都城，故地重游，山河未变，只是世间的人不再和以前一样了。但事实上，山河真的依旧吗？如果我们仔细观察，随着季节的变换，山河与田野的风景都会变化；除了雨雪的来来去去，唯一不变的似乎只有脚下的土地。但这也只是人类用肉眼观察的结果。事实上，即使是土地，也在悄悄发生着改

从平流层跳下去的男子汉

2012 年 10 月 14 日，奥地利男子菲利克斯·鲍姆加特纳从 39 千米的高空自由落体跳下，并成功着陆。这一高度相当于平流层的高度，因而他也被记录为人类从平流层纵身跳下来的第一人。他在跳下来的过程中，最高时速约 1342.8 千米，是音速的 1.24 倍。因此，他也成为没有任何保护装备，降落时速超越音速的第一人。他的名字菲利克斯——Felix 在拉丁语中的含义为“幸运”。

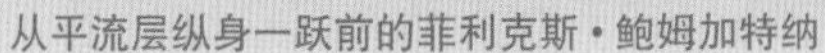

从平流层纵身一跃前的菲利克斯·鲍姆加特纳

变。人类的寿命顶多也就是一百年左右。在这么短的时间内，大自然的变化我们很难看得出来。因为大自然的时间表，可要比人类的时间慢得多。但土地的变化，事实上也属于地球的变化，要从地球变化的角度来看，这速度也算是快的了。

引起地表发生改变的因素，大致有大陆板块运动，以及风化、侵蚀等。板块运动造成的最明显的变化，就是山脉的隆起。当板块与板块相遇直至发生碰撞时，地震就会发生；当两个板块再继续互相碰撞挤压，挤压的部分褶皱隆起成为巨大的山脉。喜马拉雅山脉就是这样形成的。风化是指岩石在物理或者化学作用下，逐渐分解成土壤的现象；简而言之，就是岩石磨损崩解或者在其他化学作用下重新变成土壤的过程。当然，也可以把风化理解为在气候原因影响下，岩石逐渐粉碎变化的过程。引起岩石发生风化的因素大概有如下几种：温差造成的岩石膨胀与收缩，外部的压力变化，水的冰冻与溶解，风、河流、冰川等造成的岩石崩解，以及生物作用等。一般来说，水分变化导致的岩石风化现象比较多，还有泥石流等导致的岩石二次风化。风化现象会使得地表越来越平坦。侵蚀现象是指岩石瓦解后被搬运到别的地方。这种现象一般容易出现在有河流或者冰川的地区。

国家领土的边界究竟应该到哪儿

从世界地图来看，虽然随着政治状况不同，各个国家的版图有时会发生变化，但全世界的国家加起来始终保持在约 200 个。这些国家都有自己的领土。这里所谓的领土，不仅包括该国家管辖的陆地、水域等地表范围，而且还包括领空；这一领土范围受国际法的承认和保护。那么，一个国家的领土中的陆地与水域要往下延伸多远、其领空要往上延伸多远，算是这个国家的边界呢？

从国际通用的标准来看，一个国家的领空往上大概到大气圈为止，或者说从地表往空中延伸约 100 千米；但对于地面往下延伸多远算其领土的边界，国际上并没有明确的规定。这大概是因为以前人类向地下挖掘的技术还不够发达吧。

地表下面领土产生的所有权纷争，通常是因为某种地下资源埋藏在两个相连的国家领土之下。煤矿的地表边界很难明确划分，油田则更难以确认其从属关系。

严格意义上讲，侵蚀与风化是两种不同的现象。但从引起地表形态变化的角度来看，两者的作用是一样的。风化能够使岩石变成土壤，侵蚀则是把岩石搬运到别的地方。在风化与侵蚀的合力作用下，原本布满岩石的地表，逐渐回归为土壤覆盖的土地。这就为动植物的栖息提供了基本条件，在维系生态环境方面发挥了重要作用。

漂移的大陆

2011 年 3 月 11 日，日本东部发生特大地震，地震引发了巨大海啸。这大概是人们第一次用高清摄像机拍下了海啸。此次海啸造成接近 2 万人死亡或者失踪，城市与村庄都变成了废墟。同时，它还造成日本福岛核电站发生放射性物质泄漏。这次海啸显示的威力，震惊了全世界。海啸主要是由于海底发生地震或者火山爆发的冲击力所引起的。换言之，海啸是大陆板块移动带来的后果之一。

大陆移动导致的地震，是在世界许多地方都可以观测得到的一种现象。单就人类所能感应到的地震来说，貌似一般都集中在特定的区域。但如果使用地震仪观测的话，我们会发现，地震是在地球上任何地方都会发生的一种现象。韩国一般被看作没有地震或者很少发生地震的国家。

但事实上，韩国只是很少发生大的地震，并不是真的没有地震。仅仅 2000 年之后，韩国震级在 5 级以上的地震就发生过两次。2004 年 5 月 29 日庆尚北道蔚珍郡东面约 80 千米处海域发生 5.2 级地震；2003 年 3 月 30 日在仁川广域市白翎岛西南方向约 80 千米处海域发生 5.0 级地震。比这两次震级低的地震，也频繁发生。

地球上既有地震与火山爆发频繁的地区，也有不频繁的地区。由此我们可以确定一个事实，大陆是漂移着的。那么，这种大陆的漂移活动是在多大范围内进行的呢？它可能只在地震或者火山活动频繁的地区出现，也有可能在更大范围内发生。关于这一问题，我们可以去世界地图上寻找答案。

当你看世界地图的时候，会不会感觉非洲大陆的西海岸与南美洲大陆的东海岸，就像拼图游戏中的两块零片，几乎正好可以拼到一起。再仔细观察的话，还会发现美洲大陆整体与非洲大陆以及欧洲西海岸线形状差不多都能互相吻合。如果这不是偶然现象的话，那就说明这些大陆彼此之间原来很可能是连在一起的。这也就是说，两块大陆后来发生了移动。既然这些大陆发生过移动，那么，自然而然我们可以知道，它们现在也没有停止不动的道理。

1912年，德国科学家魏格纳从这一角度入手，提出了大陆是在漂浮着的“大陆漂移说”。当魏格纳最初提出这一理论的时候，很多人并不相信他的观点。但后来，许多科学论据都证明了大陆确实发生了移动。实际上，由今天的相关理论来看，虽然并不像魏格纳的理论描述的那样，大陆是漂浮着的；但他主张的大陆在移动这一点，确实没有错。有趣的是，魏格纳本人并不是地质学家，而是一位气象学家。虽然他在气象领域也留下了很多重要成果，但让人们认识他并为后世经常提及的，却是他提出的大陆漂移说。

地震和火山都是大陆发生移动的明显证据。就像魏格纳提出的理论那样，大陆有可能发生过相当大规模漂移。虽然现代的大陆漂移说，与魏格纳最初的大陆漂移猜想稍微有些差异，但从地图上的大陆形状构成来看，他的主张非常具有说服力。地壳的板块构造，就如同一个足球。足球是由几块碎皮子拼接而成的，地表的地壳则是由几个大陆板块拼接而成的，这就是板块构造说。

按照板块构造说，包裹着地球的板块，是漂浮在地幔上的。较低的地区被水覆盖形成海洋，而较高的地区则露出水面成为陆地。从整个地壳的组成部分来看，所有覆盖着地壳的陆地，都是大陆板块中的一块。这些板块随着地幔的移动而移动。当两个板块相遇发生碰撞时，就会产生

地球板块

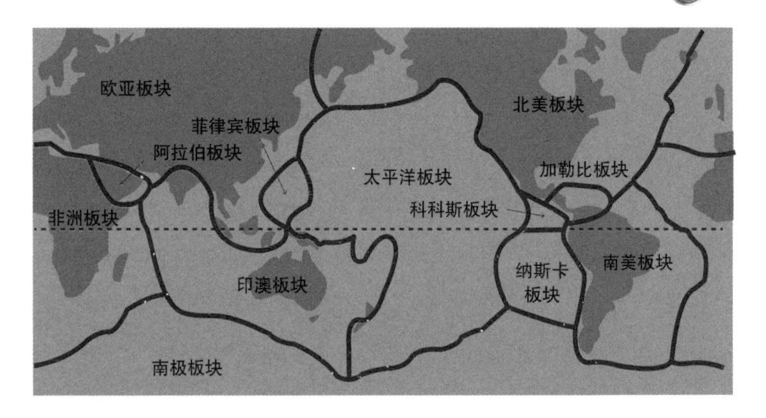

构成地表的地壳就像足球一样，是由几大板块拼接而成的

很大的撞击力，这就是地震。通常地震频繁的区域，都是在板块与板块交界的地方。

移动的地幔与地震和火山

与地壳相比，地幔的上半部分呈现为一种软质状态，这就比较容易产生对流。我们知道，固体是无法产生对流的，液体则可以；气体的对流现象更加活跃。地球内部越靠近中心，温度越高。地幔的上半部分在地幔下半部分的炙烤下，呈现出一种软质状态。虽然发生的速度并不快，

基于大陆漂移说的虚拟世界地图

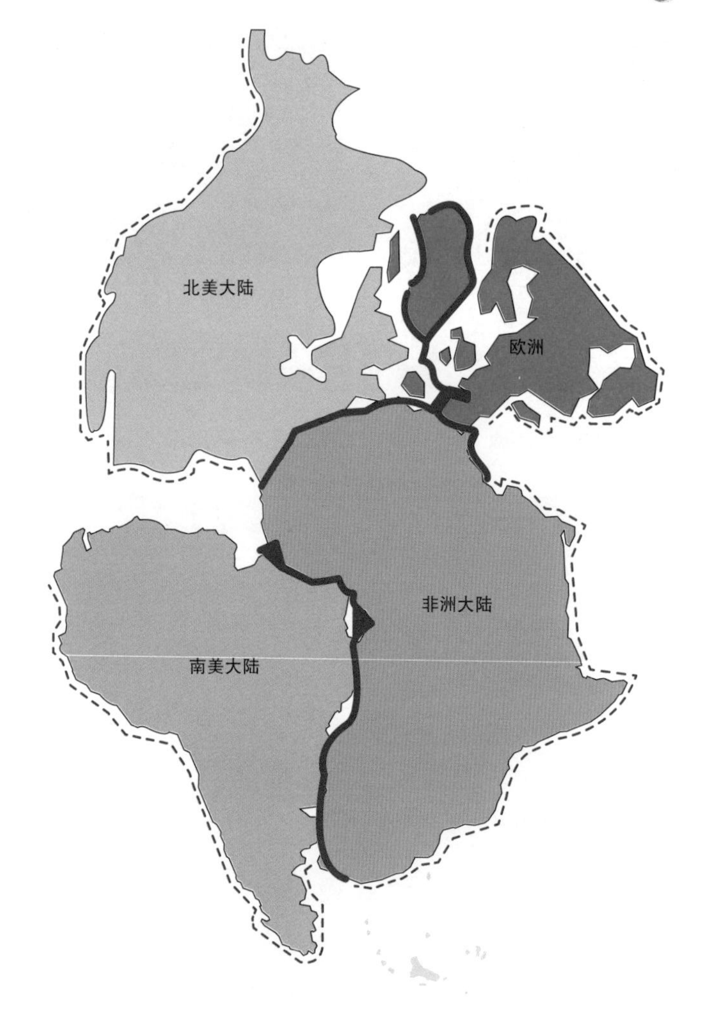

魏格纳最初提出的大陆漂移说，源于他发现各个大陆海岸线形状几乎都可以互相吻合

但其内部确实存在着对流现象。随着地幔的晃动，地幔上面坚硬的板块移动并发生碰撞。

板块互相撞击，产生的巨大冲击力就会引起地震；板块与板块之间，地壳被洞穿，地幔里炙热的物质喷涌而出形成火山爆发。地幔不停地受到地壳内核与外核的炙烤，因此持续保持着介于固体与液体之间的一种高温、高压的软质状态。那里的板块一旦出现缝隙，压力就从缝隙处喷涌而出。这就像热水壶里的水，当温度达到沸点的时候，火热的水蒸气就从壶嘴及壶盖上面的气孔里迅速喷出。这样进行比喻，大家就比较容易理解了。虽然地震和火山都出现在板块与板块交界处，但火山喷发会把地球内部的物质带到地表，这一点与地震不一样。那些喷涌而出的火山灰、高热气体以及岩浆等，为我们后来分析地球内部的组成成分提供了宝贵资料。

地震与火山爆发，都是地球运动所导致的自然现象，但却给人类带来了灾难性后果。而且地震和火山爆发曾经在很长时间内都无法预测。因此，长时间以来，它们都被人们看作神秘而可怕的现象。那些剧作家自然不会放过这么好的创作素材，以地震或者火山爆发为背景拍摄的电影作品非常多。但是这一类的灾难电影，在韩国却不像别的国家那样受欢迎。这大概是因为地震与火山喷发的场景，对于没怎么经历过这些灾难的人，很难产生一种共鸣吧。

地球是一台大机器

一说到机器，大家首先会想到那些金属制造的巨大发动机，或者那些正在运转着的外观庞大的机器吧。机器是指所有可以利用动力来完成工作的工具。机器能够把能源转化成动能。从这一角度来看，生命体也可以看作机器的一种。只是两者之间的本质区别在于，生命体能够生长繁殖，而机器则不能。

地球大体上可以分为大气、地壳（大陆和海底）和地球内部（外核、内核、地幔）这三个大的组成部分。

地球的这三个组成部分，它们之间并不是互相独立、各自运动的，而是互相之间彼此关联，互为影响。从这一角度来说，地球也可以被我们当成一台大机器。用物理学的视角来看，地球不停地旋转、移动、工作，类似于一台维持生态界运行的大机器。但是，机器需要有动力，即有能源才能维持运转，地球这台机器的能源是什么呢？促使地幔和板块移动的能源，主要是来自地球内部的热量，而生态界维持运转的能源则来自太阳光。

地球内部的热量，促使地幔内部温度也随之升高，出现极其缓慢的对流现象。地幔的这种变化，又引起地壳的板块发生运动。板块之间的相互碰撞，又最终引发地震和火山爆发。当一个板块与另一个板块发生撞击，它的边界或者冲到另一块板块边界下面，或者两者发生挤压最终隆起为山脉。太阳光能够使植物进行光合作用，进而为动物提供食物。动物死后，尸体被微生物分解，又成了植物的肥料。这就使这些有机体组成了一个循环。此外，太阳还能使海洋中的水变成水蒸气、云、雨、江河、湖水等，这些资源循环往复，用以维持地球上的生命体存活。

由以上内容我们可以看出，地球是一个对自身资源能够不停加以循环利用的、庞大的封闭系统。无论是有机体还是水分，都不会跑到地球外部空间去，当然也不会从外部空间进来。它的运转唯一所需的就是能源。只要太阳光与地球内部的热量源源不断，这台庞大的机器就会不停地运行下去。

假设我们有一台状态非常好的汽车，还有着一辈子都用不完的汽油。只要不出意外，这台车应该可以持续行驶相当长的时间。当然，不要忘了定期给它做保养。一般传统意义上的车辆检修保养无非是“清洁、紧固、润滑”等，但真正的检修保养，应该是维护机器的性能。这就像安装有各种软件的电脑，只有定期进行维护，它才能发挥出最好的性能。

由此可以看出，我们在使用机器的时候，检修保养是不可或缺的一环。从生命体的角度来看，进化可以看作一

维苏威火山

在世界历史上，最著名的火山大概就是意大利那不勒斯附近的维苏威火山了。火山存在的历史，要比我们人类出现的历史更加久远。虽然现在世界各地依旧有很多火山，但维苏威火山的爆发所留下的历史伤痕，在人类发展史上写下了浓重的一笔。维苏威火山在历史上曾经爆发多次。即使在今天，它依旧是一座说不定什么时候就会爆发的活火山。在罗马帝国时代的公元 79 年，它曾经喷发过一次，那次喷发把当时

那不勒斯市景与维苏威火山。只要生活环境良好，哪怕旁边就坐落着一座活火山，人类也敢于建设自己的大都市

的庞贝古城化成了一片焦土。

大量的火山灰彻底埋没了庞贝古城，以至于在很长一段时间内，人们几乎都把这座城市在记忆中抹去了。直到1748年，这座古城被发掘，罗马帝国时代的文化栩栩如生地重新展现在全人类面前。新发掘出来的庞贝古城，比火山爆发事件本身带给了人们更大的冲击。虽然由于当时的火山爆发导致无数人类死亡是一场悲剧，但突然间的火山爆发使得当时人们的生活场景原封不动地在火山灰下保存了下来。如果没有维苏威火山爆发，1 000多年前的城市，以及那时人们生活的场景，不可能如此生动鲜明地展现在我们面前。

公元79年，因维苏威火山爆发而被火山灰掩埋的人体复原像

海啸

海啸主要是由于海底地震引起的海溢现象。从历史上看，海啸在日本的海边发生过很多次，因此海啸的英文名称Tsunami直接借用了日语的发音，并且在包括日本在内的全世界通用。海啸的特点在于，在距离岸边较远的海洋里，波浪会排成数百千米向岸边推进，但海洋里的波浪并不高。等到波浪快要到达岸边的时候，波浪的高度就会急剧增高。Tsunami这个词在

海啸到达岸边后波浪变高的原因

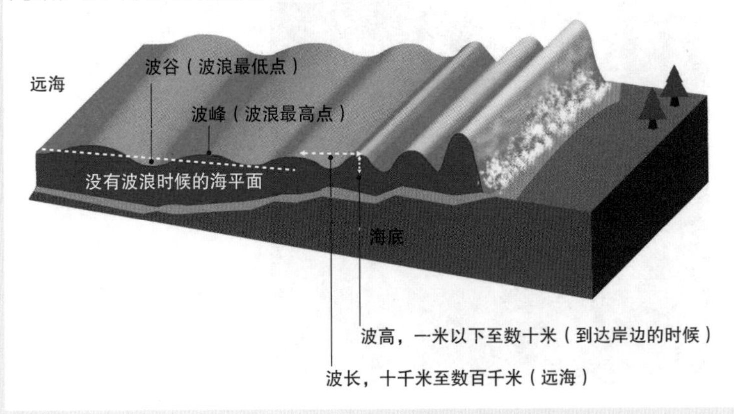

2011 年 3 月，日本东部海岸发生的海啸越过防波堤席卷了沿海地区

日语里本意就是“港口的波涛”。海啸发生时，出海打鱼的人在大海中时根本察觉不到；但等回到了岸边，他们才发现港口的波涛巨浪滔天，瞬间就可以淹没整个村庄。

种类似于检修保养的过程。随着地球这台大机器的状态发生变化，就需要适当地更换零部件；润滑油用光了的时候，注入新的润滑油；生命体通过进化的方式，调整自己去适应环境，借以维持种群继续繁衍生息。当然，无论什么机器，在使用过程中都有可能因为失误而伤害到机器。人类对地球造成的影响，大概属于这种情况。人类为了满足自身欲求，在开发过程中不断造成环境污染等，都是对地球带来恶劣影响的实例。但从地球发展的经历及规模来看，人类的这些影响很可能微不足道。

人类造成的这些问题，与其说对地球产生影响，还不如说对人类的种群存续所带来的影响可能更大。人类造成的所谓环境污染，如果人类种群消亡了的话，地球随着自身的运行（自净作用），会重新达到一种新的生态平衡。空气中的煤烟虽然对人类来说是有害气体，但对于地球本身来说，它的成分无所谓是好还是坏。对于地球来说，从一开始就不存在所谓的好与坏。

无论是充满二氧化碳的地球，还是充满氧气的地球，都只不过是按照现有条件去达到一种物理的、化学的平衡而已。因此，我们所谓的好与坏的概念，不过是从我们自身利益出发去思考的一种结果。事实上，我们所谓的人类影响地球的想法，有时候会不会是人类对自身能力评价过高的一种自以为是呢?

地幔内的对流

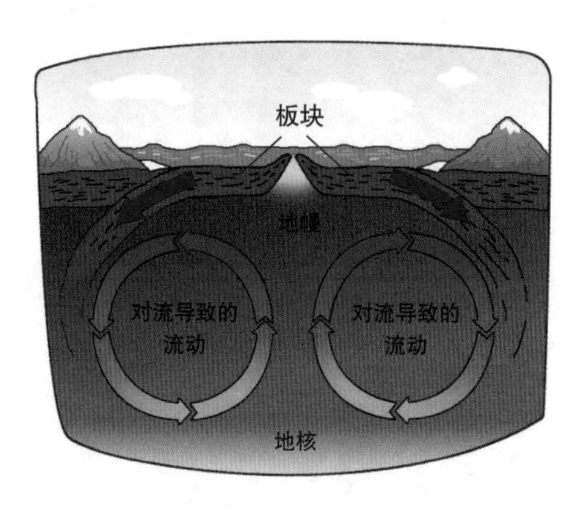

当地核对地幔释放热量时，地幔内部产生对流现象。构成地表的板块，就会像上图沸腾着的水上的木块一样运动

我们保护地球!
月亮升起来了~
喂!你在干什么?居然在破坏地球!
我们就把这台大机器叫作地球吧!

安装有各种设备的工厂，如果不是遇到飞来横祸，或者遭遇不可抗力的洪水以及泥石流一类的灾难的话，一般都会平安无事地平稳运行。同样，地球这台庞大的机器，如果不是遭遇类似于小行星撞地球这一类的大意外，或者不是遇到人类难以应对的灾难性事件的话，在未来相当长一段时间内，地球依旧会让我们人类安然地生活。

太远不好，太近不行

特殊的朋友，地球与月球

6

想象一下，寒冷的冬天我们在火堆旁烤火的情景。离火太近的话，觉得太热，也怕火苗会烧到自己；离得太远的话，又感觉不到火的热量，无法抵挡严寒。真是离得太近也不是，离得太远又不行。

大自然中所有的事物，都具有保持平衡的特质。这里所谓的平衡，不是适合或者适当的意思，而是许多种条件互相协调达到正好、不再发生变化的一种平稳状态。

人类一般把雪崩、泥石流、台风、地震等定义为自然灾害。“灾害”这个词本身就包含了一种否定意义的、期望不要再发生的意思。可是从大自然的角度来看，泥石流不过是山上的泥土的重量比所受的摩擦力大而自然滑落下来而已；台风不过是海洋上某一个区域中处于不稳定状态的气压与水分，朝着稳定状态转变的一种方式而已。在地球看来，这些现象无所谓好或者不好。好与不好，都是人类自己制造出来的概念。在柴火被点燃以后，它就会一直燃烧到全部化为灰烬。从化学的角度来看，这是木头与氧气发生反应的一种现象；从大自然的角度来看，当木头燃烧殆尽，就不会再发生化学反应了，这就达到了一种平衡。

如果当初地球与月球距离稍微再远一点或者近一点的话，地球上的环境就不会是现在这种状态了。如今，地球围绕着太阳旋转，月球围绕着地球旋转。无论当初是什么原因导致这样一种结果，从当代的力学关系来看，它们之间不需要再发生任何改变，已经达到了一种力的平衡。如果将来出现什么变化打破目前这种平衡的话，那么这种状态就会对所出现的状况重新加以消化吸收，然后再达到一种新的平衡。能在瞬间打破目前地球所处这种平衡状态的因素，大概也就是诸如小行星撞地球这一类的外部事件了。除此之外，我们很难想象还有什么样的状况可以打破这种平衡。因此，现在的太阳系，可以说正处于一种相对安定平稳的状态。

各自独立又同步运行的地球与月球

在宇宙空间的天体中，除了小行星之外，所有的天体都是球状的，而且在进行自转。对于这一点，人类早已坚信不疑。从物理学的原理来看，这也是一件很自然的事情。具有多种成分的大块天体因其自身引力的存在，会把周围的小块天体吸引过来，并发生不同程度的撞击。如果撞击力并不是正好朝向大块天体的质心方向，那么，这种撞击力就会使得大块天体发生旋转。在宇宙空间中，没有像空气一类的可以引起摩擦作用的因素；一旦某个天体发生旋转，它就会一直保持下去永不停止，这就形成了天体的自转。

众所周知，地球一天自转一周。但事实上，这种说法并不十分严谨。地球并不是一天旋转一周，而是我们把地球自转一周所需的时间定为一天。地球自转是一种自然现象，但“一天”这个时间概念却是人为制造出来的。

月球自转一周所需时间（自转周期），与其环绕地球公转一周所需时间完全相同。因此，我们在地球上只能看到月球的同一面。月球的背面明明存在，可是我们却无法看到无法了解（在人类登月探险之前），这就使月球的背面显得更加神秘。大概出于这个原因，人类创作了很多以月球背面为主题的艺术作品。

月球背面

人类第一次看到月球背面，是1959年苏联的月球3号探测器拍摄到的。像这种月球自转周期与公转周期一致的现象，并不是偶然的，而是地球的潮汐力对月球发生作用影响月球自转的结果。虽然这种现象并不是发生于所有的行星与其卫星之间，但也并不是一件稀罕事。

以月球背面为素材创作的艺术作品

光是“月球背面”这几个字，就可以给我们无限想象的空间。正因为如此，“月球背面”这几个字已经成了文学作品中的常客。其中最有名的，大概要数英国的平克·弗洛伊德发布的名为《月之暗面》(*The Dark Side of the Moon*)的音乐专辑。专辑把人类的矛盾与欲望，生活的经历与疯狂等隐秘的内心世界，比喻为月球的暗面（月球则象征着人类的精神世界）。这张专辑被认为是大众音乐史上最著名的专辑之一。

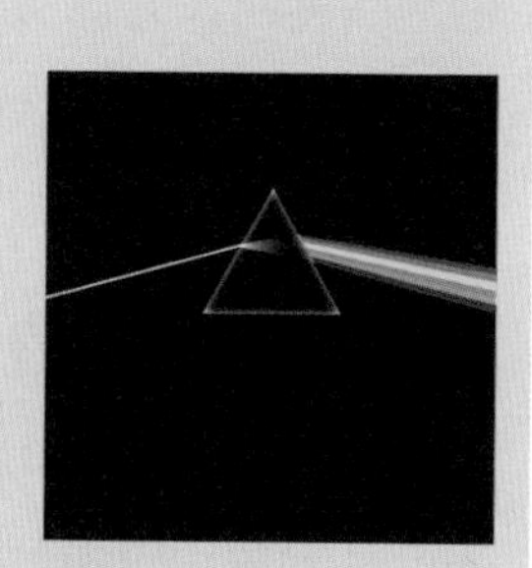

1973年平克·弗洛伊德发布的专辑封面

月球的存在

如果想了解月球对人类的影响，最有效的途径就是想象一下没有没有月球的话，地球将会是什么样。如果我们想知道一个人或者一件物品对我们有多么重要，那就想象一下没有这个人或者这件物品将会是怎样一个情况，相信答案很快就会出来。

月球使地球的气候保持稳定

阿波罗 11 号、14 号、15 号遗留在月球的装置中，有一种叫作月球激光反射器，用来接收从地球发射到月球上的激光。从地球向月球发射激光之后，激光会被反射器反射回来，计算这个过程所需要的时间，我们就可以掌握地球与月球的距离（严格来说，就是激光发射器与反射器之间的距离）。不只美国，苏联也曾利用无人探测器在月球上安装了类似装置。最近，中国成为第三个成功完成月球激光测距的国家。利用激光虽然可以十分准确地测量地月距离，但在这一过程中依旧存在着几个困难因素。即便如此，自阿波罗 11 号 1969 年登月以来，人类一直坚持测量月球与地球的距离。根据这些测量结果，科学家们发现了一些问题。

在这些问题中，最值得我们注意的是，地球与月球的距离在以年平均约 3.8 厘米的速度逐渐变远。从天文学的角度来看，这个数值意味着月球与地球正在以非常快的速度拉开距离。科学家们预测，如果月球每年远离地球 3.8 厘米，那么 15 亿年之后，月球会在木星的引力作用下靠近木星，不再围绕着地球旋转。那样的话，地球上的环境将很难适宜生命体存活。但月球在 15 亿年间逐步地远离地球，只是在目前所有环境条件都一直保持不变的情况下才有可能。15 亿年的时间，对于生命体来说实在太过久远。不要忘记，我们人类在地球上从出现到如今也才不过 20 万年而已！

月球正面

所谓的卫星，是与行星相对的概念。如果在同一个恒星系中，两个对恒星周期旋转的天体在进行相对的轨道运动的话，意味着它们在以共同的质心为中心进行旋转。这时候我们把小的天体称为

1979 年旅行者 1 号拍摄到的木星及其卫星（与木星相比，其卫星显得非常小）

“卫星”，大的天体称为“行星”。月球虽然被看作地球的卫星，但从其作为卫星的角度来看，月球有点体积过大。至少它与太阳系中的其他大部分卫星相比是大了不少。月球的这一特点，使得地球与其他行星相比，自转轴倾斜度变化少得多。

众所周知，地球的自转轴相对公转平面的倾斜角约为 23.5°。当天体的自转轴受到外部作用力影响时，它的倾斜程度会发生变动。在过去的500万年间，地球的自转轴倾斜度大概以41 040年为一个周期，在22°2′33″与24°30′16″之间变化。能使地球自转轴发生变动的主要原因，在于太阳、月球和其他天体的吸引力作用。但就像前文提到的那样，月球作为卫星体积实在是太大了，因此其对地球自转所产生的作用力也大。这就使地球的自转轴受到太阳或者其他行星的引力作用较小。与太阳系的其他行星相比，地球自转轴的倾斜变化相对不大。

火星的情况则不同，它的自转轴的倾斜度在11° 到49° 之间变化，比地球的变化幅度大得多。虽然目前还有争议，但有观点认为，如果没有月球，地球自转轴的倾斜幅度会变大，甚至极端条件下有可能达到90° 。月球的存在，使得地球的自转轴倾斜度正好合适，也使地球上的大气能够循环、季节可以变换、生命体能够不断繁衍生息。所有这些，我们都要感谢月球。

月球使海水流动

月球的存在，是引起海水涨潮与退潮的潮汐力产生的主要原因之一。但月球不仅带来了地球上的涨潮与退潮，它还为海边的人们带来了依据涨潮与退潮时间安排生计的能力。更为重要的是，它能够使海水流动起来。

1977 年旅行者 1 号拍摄到的地球与月球的首次合影

海水的流动不仅仅对那些出海打鱼的人才有意义。海水中一些固定流向的洋流，在维持地球气候方面起着非常重要的作用。温暖地方的洋流会流向寒冷的地区，寒冷地方的洋流会朝着温暖的地区流动。这些洋流与大气、地壳一起，成为形成并维持地球气候的主要因素。

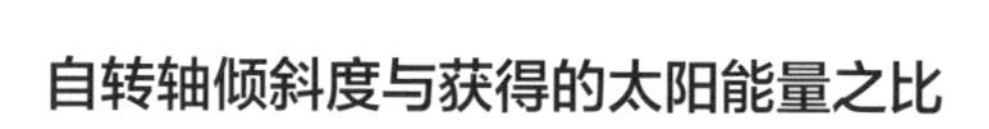

自转轴倾斜度与获得的太阳能量之比

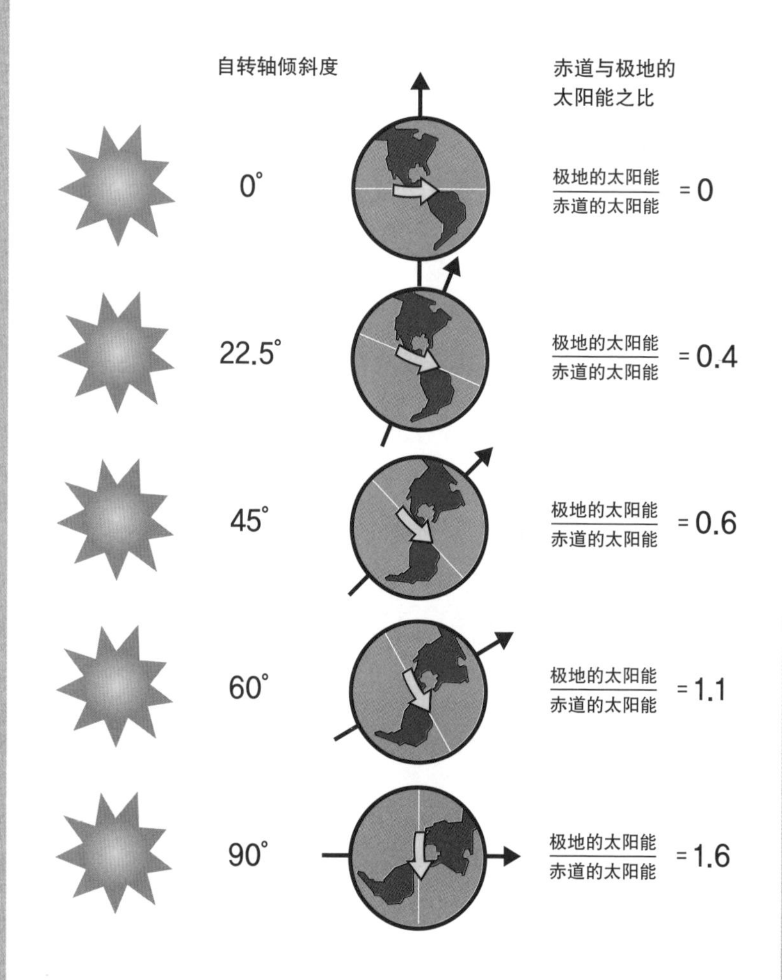

自转轴倾斜度越大，极地地区对太阳能量的接收面积也随之增大

登月阴谋论与激光反射器

曾经有人怀疑阿波罗 11 号登月事件是一个骗局。但安装在月球上的激光反射器却是对这一怀疑的有力驳斥。像人类登月这种事件，那么多的人花了那么多时间来参与，居然会有人怀疑其真实性。可见，对于那些令人难以相信的科学事实，要让所有人都相信它，更是一件不容易的事。因此，一个好的科学家，他所需要具备的重要品质当中，不仅仅要有揭示自然奥秘的能力，更需要具有说服能力与坚持不懈的精神。

设置在月球上用来测量地月距离的激光反射器

行星撞地球

7

闪亮的恐惧，抑或是来自外太空的信

100 年前，科幻小说里的主要素材还是月球，但现在已经换作了火星、小行星、彗星或者系外行星等。这主要是因为人类对月球的好奇心已经没有那么强烈了。世界上无论什么事情，了解得越多，神秘感就越少。当然，这并不意味着人们对月球的热情已经冷却下来了。每到正月十五或者中秋节的时候，看看无数仰望夜空进行赏月的人，我们就知道了。最起码，我们无法对着火星或者其他看不到的行星许愿，是吧？但比起月球来，人们确实把更多关注的目光投向了彗星或者系外行星等，这也是不可否认的事实。

如果不考虑与地球相撞的天体体积的话，其实地球与天体相撞的事件还是挺多的。找一个灯光稀少、空气洁净的地方去观察晴朗夜空，用不上十分钟，你也许就会看到有几个小天体与地球发生了碰撞。人们把这种看上去划过夜空的天体称为“流星”。流星的体积很小，在穿过地球的大气层时，大部分发生了燃烧，因而划过夜空的流星普遍显得特别亮。事实上，流星不只是在夜晚才会滑落下来。白天因为太阳光太强，我们看不到流星滑落的场景。无论什么事物，当其中的一方太过耀眼时，不够明亮的那一方自然就显得黯然失色了。

流星一般是指直径大小在 10 米以下的天体；比它更大一些的话，我们会称之为小行星。如果流星穿过大气层，并没有燃烧殆尽而最终滑落地面上的话，我们会称之为陨石。流星现象出现虽然没有规律，但也并不罕见。因为它划过夜空的时间只是一刹那，而且浩瀚的夜空中所有流星坠落不可能都被我们看到，所以，我们会把看到流星这件事想得很浪漫，并且认为对着它许愿必定会心想事成。

比流星大一些的天体，我们称为小行星。小行星一般是指太阳系中围绕太阳公转、体积比其他行星小得多的天体。太阳系中的大部分小行星，都在火星与木星的轨道之间呈带状分布。迄今为止，我们发现的最大的小行星叫作谷神星，其直径为 975 千米，近似于球体。在所发现的

3 200 万个以上的小行星之中，有 2 500 万个小行星直径在 100 米以下；有 3 100 万个小行星直径在 1 千米以下，而且形态不规则。

与个头小、数量多的流星相比，小行星的个头大，

你许愿了吗？
保密！
太美了！
是吧？

流星雨

2013 年 2 月 15 日，在俄罗斯乌拉尔山脉附近的车里雅宾斯克，降落了一场流星雨，导致建筑物受损，大约 1 200 人受伤。这些流星即使穿越了大气层也没有燃烧殆尽，最终落到了地球上。在进入大气层之前，这些流星的重量比埃菲尔铁塔还要重，大致可达 12 000 ~ 13 000 吨；据推测约在 17 米以上。

据现场目击者观察，这些流星在穿过大气层发生

流星在车里雅宾斯克上空发出耀眼的光芒后坠落

车里雅宾斯克发现的陨石，铁与其他金属含量较少，属于石质陨石

燃烧的过程中，发出的光芒看上去比太阳还要耀眼几十倍，甚至距离那么远都好像能感受到它们的热量。这些流星放射出的能量，大概与苏联最早发明的原子弹爆炸能量相当。

这次流星雨事件的照片，是人们首次拍摄到的流星坠落场面。而且听说坠落下来的陨石，一度被卖得非常贵，使得很多人都赚了钱，以至于后来很多外地的人也跑去那里捡拾陨石售卖。这也证明了一件事，那就是同样一个事件，对于一些人是灾难，但对于另一些人，反而是一件幸运的事。

数量也没有那么多，所以它们与地球发生撞击的概率就相对低得多。但是，与流星一样，小行星与地球发生碰撞的情况，也是随时都可能发生的。两者唯一的区别在于，小行星如果坠落地球的话，它在穿过大气层之后，燃烧之后的残骸会比流星大得多。虽然这些小行星也同样会坠落地球，但因为地球表面三分之二都是海洋，陆地上人类居住的面积又非常小，所以这些残骸在到达地球表面后，砸到建筑物或者汽车上的可能性非常小，一般不会给人类的实际生活造成什么影响。但如果坠落到地表的小行星残骸体积非常大的话，那么无论它落在哪里，都将是一场灾难。

小行星撞击之后

用望远镜观测月球的话，最先映入眼帘的就是坑。这些坑非常多，它们的样子足以让我们平时赏月时所感受到的那种浪漫美感彻底消失。这些坑都是流星或者小行星撞击之后形成的，因此被称为“撞击坑”，也称为“陨石坑”。一般来说，陨石坑的成因有两种：一种是火山喷发，一种是天体撞击。不管是哪种原因形成的，我们统称陨石坑。

美国亚利桑那州的巴林格陨石坑，源于 4.9 万年前的一次小行星撞击。看到它的样子，就像看到了月球上的陨石坑一样。这个陨石坑的直径大约有 1.2 千米，是科学界最早认可的小行星撞击地球形成的陨石坑。现在这个地方已经成为一个旅游景点。但因为包括这个陨石坑在内的大片土地属于个人所有，所以这里没能被指定为国家公园

月球上之所以有这么多陨石坑，是因为月球表面没有大气层保护。因此，在那些被月球引力吸引的流星或者小行星撞过来后，都是直接砸落到月球表面上。但地球上却不是这样。一般较小的星体，在通过地球的大气层时都会燃烧殆尽。偶尔有一些大的星体，在通过大气层之后，依旧保持着较大的体积落到了地球表面，形成了

一定的撞击。

一提到小行星撞地球，大家最先想到的都是灾难、大爆炸等。其实这有很大一部分原因是大众被电影编剧们（有着超常想象力，同时又把这种想象力朝着一个特定方向尽情发挥的一群人）误导了。虽然不像月球那么多，但地球上因为小行星撞击而产生的陨石坑其实也很多。只是因为形状不明显，或者因为人类居住而进行的地表开发等使得其形态发生改变，难以辨认。但其中有一部分还是完好无损地保存了下来，并被开发成为旅游景点，为当地带来一定的经济收入。世界上确实有一些地方的居民，依靠着小行星制造出来的陨石坑维持生活。

在与地球发生撞击的外太空天体中，真正能够对地球造成冲击的，除了小行星还有彗星。彗星与地球撞击的概率极小。但地球与小行星相撞的概率要比彗星大很多。

小行星或者彗星与地球发生撞击之后，将会是怎样的呢？夸张一点的结果，可以去参考好莱坞所拍摄的那些相关题材的电影。比如，1998 年上映的电影《世界末日》（*Armageddon*）中，主人公为了拦截一颗撞向地球的小行星，献出了自己的生命。事实上，如果只需要牺牲一个人或者几个人的生命，就可以消灭撞向地球的小行星的话，那真是一件虽然令人遗憾但却足够幸运的事情了。在同年上映的电影《天地大冲撞》(*Deep Impact*)中，彗星代替了小行星成为主角，也是依靠几个人的牺牲拯救了全人类。抛开电影中出现的一些科学性谬误不谈，要想大概了解小行星或者彗星撞击地球将会带来怎样的后果，这两部电影都是不错的参考。

在地球的发展历史上，具有重要里程碑意义的小行星撞击事件，发生在 6 500 万年前的墨西哥东南部尤卡坦半岛上。许多科学家认为，因为那次撞击，地球的整体性气候发生了巨大变化，导致恐龙灭绝。其实不仅仅是恐龙，应该还有许多其他动植物或者灭绝或者受到了各种重创。只是因为恐龙的存在更加吸引眼球，所以成了此次撞击事件中灭绝动植物的代表。

地球上发生的这次小行星撞击事件，其能量和当今全世界所有核武器集中在一个地方爆炸的威力差不多。同时，这次撞击所产生的物理性冲击波，还引发了地震、火山、海啸等灾难，当时的恐怖状况难以想象。从对整个地球的影响状况来看，这次撞击事件导致升腾的烟尘遮天蔽日，并且随着大气的流动不断蔓延，覆盖了大部分地球上空并长期不散。这使得地面上的植物长期无法接受阳光进行光合作用，最后干枯而死；进而又使以植物为食物的动物也大量死亡，最终食物链发生断裂。令人惊奇的是，因为小行星的撞击，像恐龙这样强大的物种都全部灭绝，却依然有许多其他生命体活了下来。在这些活下来的生命体中，就包含了我们人类的祖先。

小行星“快递员”

在南极大陆那么寒冷的地方进行考察工作的科考队员是否会感冒？虽然我们一般都以为，感冒是因为天气寒冷，但事实上，是人体对感冒病毒免疫力降低而导致的。天气寒冷的话，人体的免疫机能下降，就容易感冒。但南极大陆太冷了，以至于一般性的感冒病毒都无法存活，这反而使得在南极基地进行科学考察的队员，即使天气再冷也不怎么感冒。但当基地进来一名新的科考队员或者有访客的时候，基地原来的科考队员就比较容易感冒。这是因为新加入的科考队员身上携带的感冒病毒还没有被冻死，而且已经在南极工作的科考队员自身又对感冒病毒没有多少抵抗力。

电影《天地大冲撞》虽然形象地向我们描绘了地球与外太空天体的物理性撞击过程，但实际上，不管撞击地球的天体是大还是小，一旦发生撞击，就像南极大陆来了新访客或者新病毒那样，地球上很可能会有原先没有的新的物质成分流入。因此，任何种类的天体，在与地球发生撞击后，除了会对地球本身形成物理性撞击之外，还有可能会携带一些新的物质成分加入地球这个既有的封闭环境。

从某一角度来说，那些撞击地球的小行星或者陨石，其实可以说是连接地球与外部世界的通道。它们所带来的新的物质成分，其中大部分不会对地球产生很大影响。这是因为，地球发展至今，其自身已经形成了一个相对稳定的环境。像小行星撞地球这种方式，虽然会使地球受到来自外部的影响，但这种影响一般来说微乎其微。但另一方面，这些外太空天体对地球的突然访问，也使得地球上的环境其实一直都处于一种随时可能受到外来影响的开放性状态。在那无数个飞奔而来的小行星当中，如果真的有某一个星体携带着一种可以对地球产生重大影响的物质成分到访的话，那对地球发展史来说，将会是一次突破性大事件。

反过来，如果我们从地球向月球、其他行星或者外太空派遣航天器的话，站在它们的角度来看，也相当于一次新物质流入的过程。比如那些留在月球上的航天器，或者航天器上携带沾染的那些地球物质等，都属于这一范畴。近来，利用航天器去火星进行探险的考察活动比较多。科学家们努力寻找火星上是否有水或者有机物存在。

但问题在于，那些从地球上发射的航天器本身所携带的物质，将会对从火星上采集的样本产生影响。虽然航天器本身在制作流程及发射过程中都特别严格，发生这种事的概率很低，但从地球上带过去的物质成分最终在火星上被检测出来，这种令人哭笑不得的情况，我们至今还没有办法避免。

有生源说从字面上来看，让人感觉有些难以理解。它是一种关于地球生命起源的学说。这一学说认为，地球上的生命体是通过小行星或者外太空天体撞击地球而产生的。换言之，就是曾经存在于宇宙空间内的有机生物或者生命体，通过小行星一类的媒介最终来到了地球，成为地球生命的起源。这种学说只是科学家们的一种假设。这种假设的前提是需要宇宙空间中存在生命的种子——有机生物才有可能成真。当然，宇宙空间中并不是很容易就能找到有机生物，但小行星这位“快递员”，也许很偶然地把存在于宇宙空间中某处的有机生物“快递”到了地球上来。这种理论假设，在那些关于地球生命起源的理论当中，倒也有着一定的可信度。

小行星快递
咦？可是
我并没有订货啊？
也给我
快递一个！

这会是偶然吗？

据我们目前所知，生命体是由碳、氢、氧、氮等为中心的几种主要元素构成的有机化合物。直到 18 世纪，人类对有机化合物的一般性定义还是“生命体内合成的化合物”。这样的定义，就把有机化合物以外的所有化合物都归类到无机化合物之中了。也就是说，除了有机化合物，其余的属于无机化合物。所有化合物的构成分子，都是由存在于自然界中的元素构成的，按照原子—分子—无机化合物—有机化合物—生命体这样的演化顺序来构成生命的起源。

在自然状况下，只要达到一定条件，原子就可以转化为分子，分子就可以转化为无机化合物，这是非常自然的现象。但无机化合物要想转化为有机化合物，这一转化过程虽然可以在实验中实现，但需要在特定的条件才可能完成；在一般的自然状态下，这一转化过程基本不可能出现。但无论使用了何种方法，把无机化合物最终转化为有机化合物，人类的这一发现，其本身就是一个相当伟大的成果。

由于人类始终没有弄清楚有机化合物的起源，因此地球上的生命体在最初是如何产生的这一问题，始终没能找到答案。在自然状态下，人类始终没有找到无机物能够自然转化成有机物的证据。也正因为如此，作为假设性理论的有生源说才获得了大量的支持。

目前，学界有许多种关于生命起源的理论，它们大多来自假设与实验结果的结合，其中还掺杂着个人或者某个群体的理念与信仰等。但迄今为止，还没有哪一种理论是能够被科学证明的。所有关于生命起源的理论，都有着各自无法进行科学解释的部分。从逻辑关系上来看，我们知道，部分是无法包括全体的。把这种逻辑关系代入人类与宇宙的关系的话，人类是宇宙的一部分，因此人类不可能完美地解释宇宙。关于生命起源这个问题，我们也许永远都无法找到答案。但人类探求生命起源的脚步，永远不会停息。在这里有一点是可以肯定的，那就是所有关于大自然问题的探求，必须基于那些能够进行科学解释，且能够通过实验验证的证据，而不能基于人们的个人想法或者信仰来进行确定。

在历史长河中，地球与月球都经历过很多次发展变化。虽然两者都是天体，并非生命体，但从它们不断成长变化的角度来看，它们也和生命体一样，在一定的契机下就会发生变化。我们知道，宇宙是按照一定的物理法则来运行的，但在那些运行过程中突然出现的巨变，都有着很大的偶然性。虽然这种偶然可能其实也是一种必然，只是我们人类还无法理解得那么透彻，所以才会以为它是一种偶然。

地球能够成为这样一个多种生命体聚居的基地，是在历史长河中不断经历大大小小变化的结果。但我们不能就此认为，这些变化是为了使地球上诞生生命体才发生的，更不能认为这些变化是为了给这些生命体提供更好的生活环境才出现的。从科学的角度来看，地球上所发生的这些变化，都不是因为某种特定的目的而发生的。

纵观地球 46 亿年的发展历史，它并不是像我们盖

关于“科学”这个词，其实存在着很多误解。一般说到科学，大家都会认为是自然科学。其实科学是指通过验证的方法得到的所有学术领域的知识体系。因此，所有的学问都属于科学，只不过是根据探索对象的不同，划分出不同的领域而已。自然科学以大自然为研究目标，人文科学以人类社会为研究目标，社会科学以社会现象为研究目标，应用科学则以应用自然科学的结论去解决实际问题为研究目标。无论哪个研究领域，研究方法本身并无区别。由此可见，科学是一个包含了研究方法及态度的词，并不是特指某一个学科的学问。只要不是科学，就不能称之为学问。因此，某一个人或某一群体的主张以及强加于人的信仰等，我们都不能称之为学问。

房子那样一开始就带着明确的目标发展起来的，更不会是为了给所有生命体提供一个基地。地球现在的状态条件，不过是在一连串的变化叠加之后，很偶然地形成了这样一个适合生命体居住的环境。这就像我们俗语里常说的，“瞎猫碰上了死耗子”。但这只抓到了“死耗子”的“瞎猫”，从整个宇宙的角度来看，未必就只有这一只。在浩瀚宇宙中有着那么多的星球，很难说其中会不会存在着，或者曾经存在过，再或者未来将出现一个类似于地球这样的环境和条件的行星。一旦许多条件偶然发生契合，也可能会出现另一个类似于我们地球的行星也未可知。

“偶然”这一概念，可以使用“概率”这一数学概念进行解释。它在自然界中是一个非常重要的概念，但对于人类来说，它却意味着“难以预料和理解”。“偶然”这个词，本身就是指那些人类无法预测、无法了解其因果关系的事件的发生；同时，它也暗示着自然界中也许有一些自然法则的存在，是我们人类目前还无法了解的，所以我们才把它理解为“偶然”。在自然界的进化过程中，概率发挥着主导性作用。从天文学的角度来看，“偶然”好像与宇宙的发展变化没什么关系，但从生物进化的角度来看，在生物进化过程中出现的“突然变异”，正是“偶然”这一概念在生命体繁殖过程中的又一次体现。

没有什么物质是不会发生变化的，一个变化接着又会衍生出新的变化。所有的变化都是在偶然条件下发生的，偶然又是通过“概率”表现了出来。迄今为止，对宇宙中曾经发生过的千变万化，“偶然”是我们解释这些变化的唯一方法。

地球与月球的未来

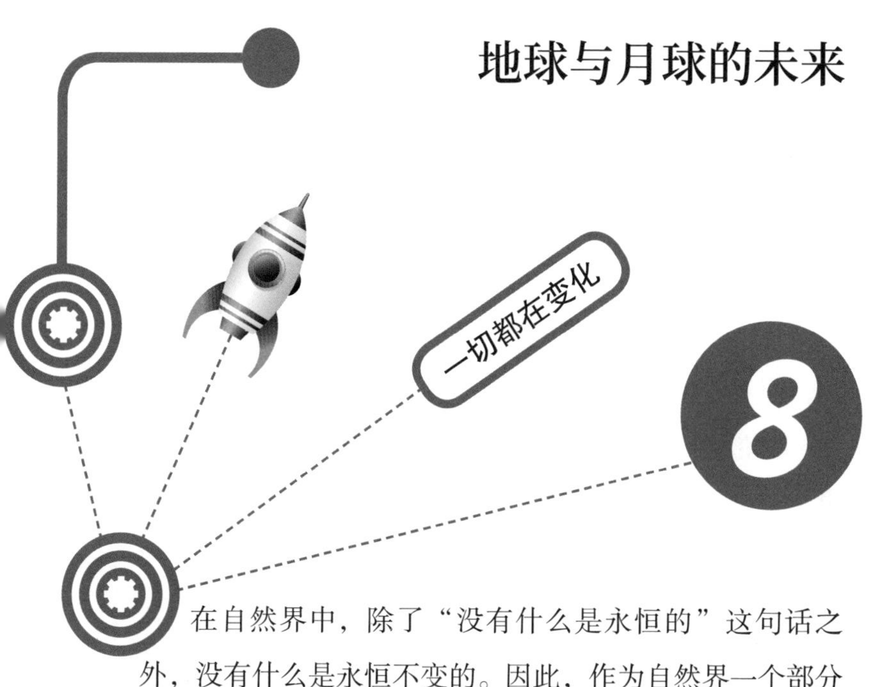

在自然界中，除了“没有什么是永恒的”这句话之外，没有什么是永恒不变的。因此，作为自然界一个部分的星体，自然不会永恒闪耀。当恒星失去光芒的时候，那些依附于这颗恒星而存在的行星，也会与恒星一起落下生命的帷幕。无论什么时候，当太阳结束其一生的时候，地球与月球就不得不面对与现在截然不同的情况。

那么，我们自然会问，地球的未来会是怎样的呢？如果我们能够对一个星体从诞生到消亡的过程有所了解的话，再考虑到太阳及太阳系未来将会出现的一些情况，那么基本上就可以描摹出地球的未来。

结局

无论是明天还是 10 亿年之后的事情，其实都是难以预测的。这里说的难以预测就是很难猜到的意思。因此，即便我们对未来预测错误，估计也不会有人感到惊讶。这就像算卦一样，对那些预测比较准确的，我们总是记忆深刻；而对那些错误的，我们很快就会抛之脑后。

即使我们使用所有的客观资料来加以分析预测，其结果估计也与随便找个什么东西来占卜一下的结果差不多。这就像专家们预测足球比赛一样，他们估计的结果，和我们扔个硬币来预测一下的结果，很可能实际上没什么区别。但科学家们对宇宙未来的预测，或者对地球与月球的未来进行预测，与那些算卦的人卜算未来的情况完全不同。宇宙是依照物理法则运动的，因此，如果我们对现下这些客观条件有所把握的话，基本上可以据此预测它的未来。

虽然这个预测结果有点吓人，但地球确实有可能在未来的某一天走向终结。当然，也有人认为，那一天未必就会真的到来。但如果考虑到维系地球生态系统的能量根源——太阳，不会总是一如既往地这样存在下去的话，那么地球走向终结的最终论断就很有可能发生。这一预测结果的根据之一就是，太阳如果也像有些星体那样逐渐膨胀，那么最后很有可能把地球吞并。当然，如果到了那一天，地球就会真的变为一个滚烫到无法生存的行星。与之相反，如果太阳逐渐冷却的话，那么地球上的气候也会变得越来越冷，生命同样无法生存。

当然，到了那时候，地球上的环境发生变化，也许还会有适应那种环境的生命体出现，地球上的生物演化史延续下去也未可知。但到了那个时候，地球上的生命体一定会与现在完全不同，成为另一种我们完全无法想象的样子。而且，考虑到地球的环境还会继续改变，那些新出现的生命体同样也无法生存太久。用宇宙的时间来看，一个物种的繁衍存续的时间，真的是昙花一现。

即使不考虑太阳生命结束这一影响因素，还会有许多可以影响地球未来的决定性因素出现。比如，海洋与陆地的地表变化，或者地球内部热量的消失冷却等自身变化；地球与太阳系其他天体间的力学关系的改变；太阳自身变化产生的影响，等等。这些都是会对地球未来产生影响的重要因素。随便拿出这些因素中的一个，都可以对地球上的生命体存续产生决定性影响，这绝对不是夸大其词。有一部电影，叫《尽善尽美》（*As Good As It Gets*）。对于地球上的生命体来说，用这个电影的名字来概括现在的地球状况，真的是再合适不过了（制作者们真是给电影起了一个好名字）。

此外，我们还需要考虑人类活动对地球可能产生的影响。抛开好与坏不谈，在人类与地球上的其他生物体的区别因素中，有一点就是人类能够对自身居住的环境进行改造。在描写白人与印第安人对立题材的、颇具哲学意味的美国西部电影《小巨人》（*Little Big Man*）当中，印第安酋长曾说过一句话：只要白人下定决心，他们甚至可以改变江河湖海。当时这句话也许是正确的，但在21世纪的今天，不仅白人，无论任何人种与国籍，只要下定决心，改变江河湖海这件事早就成了小事一桩。不仅仅是改变江河湖海，还有一个不容忽视的事实就是，人类的发展趋势本身，就与大自然发展相反。除了环境污染与垃圾遍地给大自然带来很大的负担以外，人们为了生活而建造的房屋、道路、城市等所有人工建筑，其实都给大自然增添了负担。此外，还包括农业、畜牧业等人类为了生产粮食而进行的各种活动等，都属于这一范畴。

如上所述，地球处于人类的影响之下，这是事实。但人类的活动给地球带来的变化，从宇宙整个时间表来看，却是非常短暂、非常细小。而且与其说是人类活动给地球带来了影响，不如说更大程度上给自身利益带来了巨大影响。因此，相对于地球的整个未来，人类的影响应该可以看作微乎其微。

与外太空天体的撞击

本书在前面讲过，与小行星或者彗星发生撞击等突发性事件，会对地球的未来造成重大影响。在我们预测地球未来的时候，这些事件与其他事件的不同之处在于，我们难以预测这种事件发生的时间点。当一颗小行星或者彗星撞向地球的时候，如果这时候人类还在地球上生活着，并且已经拥有了不低于当下的知识水平，那么，从它临近地球的某一个点开始，人类是可以对它进行观测并预估它的飞行轨道的。如果一颗直径 5~10 千米的小行星或者彗星撞上地球，那么其冲击力足以对地球上的环境造成灾难性破坏。同时，由此导致地球上生态系统的破坏，很可能使地球上无数物种灭绝。

如前所述，这种星体对地球撞击所带来的全部后果中，影响较大的一个现象就是撞击后产生的灰尘。在撞击发生后的几周内，撞击导致的扬尘将覆盖地球的上空，阳光难以射至大地，地球温度因而会下降 15 摄氏度左右，植物也难以进行光合作用，如果时间超过几个月，会导致植物大量死亡，地球生物的食物链开始断裂，生物无法维持生存。生态界中的这种巨变，大约 1 亿年发生一次。这也与之前地质学家们的研究成果相吻合，而且预计未来仍将会以这样的频率出现。人类大约起源于 20 万年前，由此看来，从史前时代算起，至少还要再经历人类历史 500 次，才会出现这种可能发生也可能不会发生的天体撞击地球事件。人类有文字记载的历史，大约始自 5000 年前；人类文明历史还要再反复 2 万次，才有可能出现这样的事件。由此来看，在人类文明存续期间，若想遇到这样的事件，也并不容易。

除了小行星和彗星，那些超新星如果在距离地球不是很远的位置上爆炸，也会使地球上的生命体陷入灭种危机。有一些超新星，即使在距离地球 3 000 光年那么远的距离上爆炸，也会给地球造成极大的破坏。从超新星上发

超新星

恒星在演化接近末期时会发生爆炸，瞬间释放出巨大能量，亮度增长到平时的数十倍，我们称之为超新星，然后开始逐渐走向衰减。虽然它实际上并不是一个新形成的星体，但因为它看上去完全是一个与以前不同的新星，而且爆炸时释放出巨大的光，比新星还要耀眼，所以我们称之为超新星。

出的电磁波，如果破坏了地球上空的臭氧层，那么残缺的臭氧层就无法阻挡太阳射出的紫外线。只要地球表面接收到的紫外线比现在增加 10% ～ 30%，地球上的生命体就会面临重大威胁。发生在 4.4 亿年前的那一次地球上大量生物的灭绝，超新星的爆发被认为很可能是主要原因之一。

能够对地球产生影响的超新星，一般要在距离地球不超过100光年以内的范围爆发。根据目前的观测结果来看，大约平均每 30 年，银河系内会形成一个超新星。但我们所能观测到的超新星，只是全部超新星中极小的一部分。银河系最近的一次超新星爆发，是在距今大约 400 年前的 1604 年观测到的。在地球 46 亿年的漫长历史中，距离地球 100 光年以内的超新星爆发，曾经发生过数次。在未来的 20 亿年之内，据预测还会有 20 次左右的超新星爆发，这都会对地球产生较大影响。

太阳变化带来的影响

恒星就像一个发动机，以内部的氢元素为燃料发生核聚变，放射出光与热。迄今为止太阳已经释放出自身一半左右的能量，随着其内部剩余氢元素含量的减少，核聚变的速度也会越来越快，其结果必然会导致太阳放射的能量逐步增加。据估算，太阳的亮度正在以每 1.1 亿年增加 1% 的速度逐渐增强；按照这个速度，在未来 48 亿年之后，太阳的亮度会比现在增加 67%。当太阳内部的氢元素含量消耗殆尽，太阳表面的氢元素就会开始燃烧。这样一来，太阳的内核部分会收缩，外部表面会膨胀。75 亿年之后，太阳的亮度会比现在增加 2 730 倍，质量减少，体积变大。随着太阳的质量变轻，其引力也变弱，围绕在太阳周围的行星会逐渐远离太阳，地球将比现在到太阳中心的距离增加 2.5 倍左右。

到那个时候，随着太阳的体积逐渐膨胀，水星与金星会被太阳吸收，地球与太阳表面的距离变短。随着太阳质量变轻，地球到太阳中心的距离虽然看上去是在变远，但因为太阳体积膨胀太大，最后地球可能会被太阳吞并。

月球当然也不可避免地会遇到同样的情况。随着太阳的引力逐渐变弱，围绕地球旋转的月球，其轨道会越来越靠近地球。随着月球到地球的距离越来越近，地球与月球之间的潮汐引力会使月球最终裂成碎片，然后像土星的光环那样，在地球周围形成一个环。这些月球碎片最终也会坠落到地球表面；在太阳吞并地球之前，月球应该会更早消失不见。

即使未来太阳没有吞并地球，地球自身也在悄悄发生着重大变化。随着太阳的亮度越来越强，以及它与地球的距离越来越近，地表中的硅酸盐风化速度加快。硅酸盐与二氧化碳发生化学反应，最终成为石灰石。在这一化学反应中，大气中的二氧化碳含量会逐渐减少。如此一来，到了大约 6 亿年以后，植物在光合作用中所需要的二氧化碳会出现含量不足的状况，植物将无法存活；数百万年后，由于食物链缺少植物，动物也会濒临灭绝。

11 亿年之后，太阳光的强度会比现在增加 10%，这会使海水以比现在快得多的速度蒸发，地球上则会形成一个高湿的温室环境。到了大约 40 亿年之后，随着地表温度越来越高，生物会处于一个难以生存的恶劣环境当中。随着太阳的体积越来越大，到 75 亿年之后，太阳很可能最终吞并地球。当然，在这一切发生之前，地球恐怕早已成为一个没有生命的行星了。

地球自身变化的影响

在太阳系中，行星之间的引力作用也在发生着变化，如果以 10 亿年为尺度来看的话，这种行星间的引力变化也会为地球带来威胁。虽然可能性极低，但地球在 50 亿年内撞上水星、金星或者火星的概率大约在百分之一（但

瑞士的阿莱奇冰川。冰川是在积雪冰冻、融化再结晶的过程中形成的。当冰冻的速度超过了融化的速度时，积雪就会越来越厚，并且在自身重量挤压下，逐渐压缩成冰。这一过程不断持续，最终就会形成巨大的冰块，沿着山谷像流动的河水一样缓慢移动，我们称之为冰川

在天文学领域，百分之一绝对不是概率极低）；同样的时间尺度内，地球受到太阳以外的星体引力吸引，最终脱离太阳系的概率大约为十万分之一。

与以上危险相比，地球生物面临的最具可能性的危险

就是冰期的重新来临。地球上曾经周期性地出现过冰川，其中冰川覆盖最严重的时期我们称为冰期。冰期的出现，主要是由地球板块运动与海洋的共同作用而导致的。冰期出现的周期，与大气成分变化导致的温室效应以及大陆板块移动对气候变化的影响等因素息息相关，同时还受到地球自转轴和倾斜角度的变化、相对公转轨道的偏离程度以及太阳能量的周期变化等影响。按照历史上的周期来计算的话，大约在 2.5 万年后，地球会再次进入冰期。但也有科学家认为，随着地球上大气中二氧化碳含量的持续增多、气候变暖，下一次冰期的到来也可能会推迟。

地球的内部运动

按照板块构造理论，大陆板块每年会产生几厘米的移动。在这一过程中，板块之间相互碰撞，导致地球上出现火山爆发或者地震现象。地壳板块的移动，主要是由地球内部散发的热量以及地表上的水的活动共同导致的。这两个因素缺少哪一个，板块可能都不会发生位移。我们很难预测板块的这种移动最终将带来怎样的结果。科学家们研究认为，如果海底板块一直向大陆板块下面移动的话，未来的某一天，所有的板块最终可能都会聚集到南极大陆板块的周围。无论大陆板块朝着哪个方向移动，海水都会沿着板块的边界下沉被地幔吸收。10 亿年之后，大约有百分之二十七的海水会被地幔吸收。

一旦地球上的所有大陆板块最终聚集到一起合成一个板块，地球上的环境就会变得与现在完全不同。板块的不断撞击，会形成新的山脉；冰川面积的增加，会导致海平面下降。同时，随着越来越多的有机物被地表掩埋，地表的岩石风化速度也会越来越快。随着所有的大陆板块最终合成为一个整体，大气温度会降低，大气中的氧气含量将有所增加。新的地球环境会使原有的物种难以生存，但同时也会促进一部分生物重新进化成新的物种。随着地球板块边界数量的减少，火山爆发会只集中于几个区域，这将使得火山喷发强度变得更大，火山喷出物质带来的影响变大。

影响地球未来的几个因素，依次可以排列为：人类活动对地球的影响—地球的内部运动—地球自转与公转的变化—太阳状态的变化。至于小行星或者彗星，以及超新星的爆炸等，那是随时都可能发生的事情，我们无法预测。但以上这几个因素，都是按照天文学上的时间单位来计算的。地球的历史有 46 亿年；人类出现在地球上大概有 20 万年，人类有史书记载的历史不过才 5 000 年。即使这

5 000 年的历史，人们也常常会拿来辩论其真假。如果您对上面这些天文数字般的时间无感的话，可以这样设想一下：您拥有 46 亿元，到现在为止才花了其中的 20 万元；在这 20 万元里，您只能模糊记住其中的 5 000 元是怎么花掉的。这样一来，感觉可能就比较具体了。

我们的未来?

虽然每个人的看法都不尽相同，但在经历了在人类看来漫长的时间之后，地球的未来其实非常简单。无论发生哪一种状况，地球早晚会成为一个不适合生命居住的星球。只是与人类的寿命相比，那一天会在很久之后才会到来。人类这种生物，往久远了说，顶多也就在 300 万年前出现；现代人的祖先，估计最早是在 20 万年前出现的。而且这段时间里，人类大部分时间都处于没有文明的蒙昧状态。因此，未来所谓的 10 亿年或者 20 亿年的时间，无论怎么看，都太遥远了。所以现在的我们，要去预测那么长时间以后人类将会怎样，无论怎么想象，都无法触及。

但是，只要地球上的环境还允许生命存活，包括人类在内的所有生命体就会努力适应环境继续活下去。在这一过程中，有一些物种会灭绝，还有一些物种会进化，使生命得以延续，甚至可能还会出现新的物种。我们人类到底属不属于那些能活到最后的物种？思考这个问题没什么真正价值。生态体系是一个井然有序的体系，它的存续与否与人类是否存在毫无关联。毕竟地球与太阳系的存在和发展，并不以我们人类的意志为转移。

比起遥不可及的未来，我们去思考近期人类可能遭遇到的挑战，更具有现实意义。如果地球能够为人类的生存提供足够的资源，人类就会继续留在地球上。否则，为了寻找足够的资源，人类一定会把眼光投向月球与地球周边的小行星。但实际上，如果人类真的发展到需要大量资源的时期，与其去地球以外的地方费力寻找，还不如在地球内部寻求解决之道可能更容易一些。

当资源不足的时候，寻找替代性资源是一个很好的解决办法。回首人类历史，曾经通过大规模战争的手段，来调解使用资源的人口数量是不争的事实。随着科技的发展，去地球之外的地方寻找人类所需的资源，也许可以使人类不再像以前那样因为抢夺资源而发动战争。

在小行星上寻找资源的计划

据目前的探测结果来看，月球并不是一个适合人类居住的星球。虽然月球内部蕴藏着可用资源，但无论是开采运送到地球还是在宇宙空间使用，目前来看都不现实（不够经济）。如果我们寻找资源的对象不是月球，换成一个小行星的话，那结果就不一样了。在那些小行星中，蕴藏着人类所需资源的可能性很大。美国国家航空航天局宣布，会在2020年把一颗小行星俘获进入绕月轨道，然后进行资源采集。这可不单纯是一个构想，而是已经进入了详细的实践阶段；这项计划需要12.5亿美元的预算，用来捕获一颗资源丰富的小行星，然后把它俘获进入绕月轨道。据悉，美国已经成立了一家以采集小行星资源为目标的公司，还宣布了独自进行勘测、开采小行星的计划。未来，预计类似这样的活动会越来越多。在韩国的古代民间传说中，金先达曾用计谋把无主的大同江卖了赚钱。如今，宇宙中那些没有归属的小行星，大概也和这大同江水差不多了。由此可见，人类的想象力真的是漫无止境。如果说还有障碍的话，那可能就是我们自己。

摄氏度与华氏度

标识温度的方法有两种。把水的冰点设为 0 摄氏度，沸点设为 100 摄氏度，其间平均分为 100 份的标识方法，我们称为“摄氏度”。把水的冰点设为 32 度，沸点设为 212 度，中间分为 180 份的标识方法，我们称为“华氏度”。那么，摄氏度和华氏度这两个词是怎么来的呢？

摄氏温标是瑞典天文学家摄尔修斯（Celsius）制定的，华氏温标则是由德国的物理学家华兰海特（Fahrenheit）制定的。因为在中文里，Celsius 的名字开头是个“摄”音，Fahrenheit 的名字开头是个“华”音，因此分别称他们为“摄氏”与“华氏”。

9 天哪！竟然有这种事！

“2002 年韩日世界杯 1/8 决赛，韩国队对阵夺冠大热门——意大利队。韩国队在 0:1 落后的情况下，在终场前一分钟罚进点球把比分扳平。最终在加时赛中再进一球击败意大利队挺进 8 强。”

虽然这是一场韩国人都在期待的胜利，但同时它也是一场即使再擅长逻辑推理的人也无法预测的比赛。尤其后来戏剧性的逆转更是许多人未能料到的，但结果就像我们后来所看到的一样。

在浩瀚的宇宙当中，到处都存在着看上去发生概率很低但实实在在发生了的事件。比如哪个区域忽然诞生了一颗新星，又或者某两个天体发生了撞击等，都是这样的例子。比如首尔 5 月居然会下雪，再比如业余选手居然战胜了专业运动员等。这些看上去不可能的事，居然真的发生了，让人难以相信。宇宙空间也是如此。宇宙空间中有些事，一旦发生，就会按照物理规律持续发展下去。因此，在我们掌握了其中的原理规律之后，就会发现事件本身并无稀奇之处。当然，目前还有许多法则或者规律是我们没能掌握的，但这并不妨碍事件本身按照其原有的法则继续发展下去。

再举一个更现实点的例子吧。我们都曾经希望自己买的彩票能中大奖。但我们也都清楚，从现实的角度来看，这件事几乎是不可能的。因为其发生概率太低，所以更多时候，买彩票中大奖更像是许多人的一个遥不可及的梦。再比如我们去大城市购物中心闲逛的时候，里面的人摩肩接踵。一分钟不到，就会有数十甚至数百人和我们擦肩而过。但这些人全都是陌生人，偶遇熟人的情况真是少之又少。像彩票中大奖这种事，对于我们每个人来讲，看上去几乎是不可能的事情，但事实上每周还是会有一名甚至几名中奖人出现。就算是每周出现一名中奖人，那么一年就会出现 53 名，10 年就会有 530 名中奖人。530 这个数字听上去真的很多，但如果对比韩国约 5000 万人口总数来看，中奖率就成了十万分之一，概率极低。

如果我们用数学用语来解释“偶然”这个词，那就是“概率极低的事件真的发生了”。平常我们感觉不可能的事情或概率极低的事情，居然真的发生了，这的确很神奇。我们通常把那些概率极低却真的发生了的事情称为“奇迹”。在体育比赛中，如果弱的一方战胜了看上去强大到不可能战胜的对手，我们通常会称之为“奇迹般的胜利”。也正因为如此，许多小说家或者电影制作者，都会以同样的视角去看待和处理偶然与奇迹。

我们重新说彩票中大奖的事。我们不必去管那么多中奖原理，只需要记住要在 45 个数字中挑选出 6 个数字就够了。无论这 6 个数字怎么选，在这 6 个数字构成的数字组合上，都看不出有特别的差异。我挑选的 6 个数字，与朋友挑选的 6 个数字，两者都具有同样的中奖概率。这一概率与这 6 个数字是谁挑选的无关。所有这些等待开奖的数百万组数字组合，都具有相同的中奖概率。而且无论是哪组数字组合，理论上中奖的概率都是同样的“非常低”。但终究会有人中大奖。某一个中奖率同样“非常低”的数字组合被大奖选中了。当然，现实开奖中，有时候大奖最终没有出来，那只是因为当期的大奖数字组合没有被卖掉而已。

如上所述，许多事件即使发生概率很低，但最终还是会发生，这并不是因为这个事件本身与同类事件相比存在某种特殊性。选好 6 个数字，然后虔诚地祈祷中奖，这是任何人都能够做到的事。但最后中奖的那个人，并不是他祈祷时的虔诚程度与别人不一样。我们都希望，在未来的时间里，小行星撞地球事件永远不会发生。但是宇宙并没有耳朵来倾听我们的希望。

宇宙也是一样。在许多低概率条件互相叠加的情况下，有的星体成为能够发光的恒星；有的则成为围绕恒星运动的行星。在一定的条件与特定环境叠加后，不知什么时候就会诞生一颗各项条件都适合生命繁衍生息的行星。地球就是这样产生的。迄今为止，人类还没能找到与地球具有相似条件的行星。要想再形成一颗类地行星，需要许多个低概率条件及各种巧合，比如，大小适中的太阳、大小适中的地球、处于适当距离上的太阳与地球、既彼此协调又稍微特殊的地月关系、倾斜角度适当的地球自转轴等。所有的条件，如果缺少了任何一个，都不会有如今的地球。不仅如此，在具备这样条件的地球上，居然有生命诞生。这件事本身也是非常低概率的。但宇宙就是如此，任何事件都可能发生，任何低概率事件都可能在其中互相叠加并且持续不断地发生。这就是浩瀚的宇宙。宇宙实在是太深不可测了！

请不要感到失望。在你的周围，是不是都找不到一个中了大奖的人呢？可是，每周开奖不都还有中奖人去领奖吗？在这个美丽的世界上，有宇宙，有银河，有太阳，有许多行星，还有个地球。而我们恰巧就出生并生活在这个宜居的星球上！这种感觉，也和中了大奖差不多吧？不是吗？

从大历史的观点看地球如何成为生命的基地

意义对于自然界来说并不存在。因此，我们所说的“有意义的事件”，通常是指“对人类有意义的事件”。同时，上面所说的“意义对于自然界来说并不存在”这句话，也意味着“意义”并不是科学探索和发现的终极目标。

地震发生，会引发海啸。但那些处于大海当中的人，却意识不到自己正处于危险之中。历史上的很多大事件，往往都是在经过了漫长时间以后，人们才意识到它是一件意义深远的事件。因此，那些被我们称为“历史性事件”的，甚至改变了历史进程的重要事件，即使我们当时身在现场，可能也很难立刻意识到它究竟具有怎样的意义。

走过时间的长廊，用历史的眼光来看，所谓某一事件的意义，其实就是看这个事件发生后，它对后世产生了怎样的影响。而且，这种事件的影响是大还是小，通常要在事件过去很久之后我们才能加以判断。我们把范围缩小一下，把这个道理用在个人身上也是一样。在我们的一生当中，在某一件事发生时，我们通常意识不到它会对我们的未来产生多大影响。我们把范围扩大一下，大到一个国家的历史、文明发展的历史、人类的历史、地球的历史、太阳系的历史、宇宙的历史，道理都是一样的。

如果不加思考的话，我们也许会觉得，人类文明的历史，与宇宙的历史几乎没什么关系，但实际上，人类的历史是宇宙历史的一个组成部分。那么，在宇宙的发展历史当中，曾有多少事件对它产生了重大影响呢？这些事件又都有哪些呢？大概我们把世界上所有的书都搬到一起，也记载不下宇宙历史中曾发生过的那些大事件。即便是此时此刻，在宇宙的某一个角落，也许就发生着一个大事件；而且未来这种大事件还将不断发生。但是，在这些大事件当中，有相当多的一部分，对我们人类几乎不产生什么影响。比如宇宙中某一个区域新出现了一个星系，那对于生活在地球上的我们几乎没什么影响，所以我们把它归类为一件没有意义的事。

少年图文大历史丛书致力于把人类与宇宙的历史，放在同一个坐标系上进行审视与研究。然后，在其中总结出10个历史转折点及20个大问题。那么，这10个历史转折点具有怎样的“意义”，才能够从那么多转折点中脱颖而出呢？概括起来，它们之间必须具有如下这些共同点：多样性与复杂性、包容性与开放性、相互间的关联性，还有信息的积累等。此外，它们还有一个很大的共同点就是，在这一历史转折点出现之后，整个历史进程就不会再回到以前的状态了。我们在学习中经常会遇到类似这样的问题，答案好像是这样，可说不上来为什么。对于这一类的问题，少年图文大历史系列作品会带领大家一步一步去探寻、了解，然后再由大家自己给出答案。

在这里我们还要强调的一点就是，大历史挑选的10个转折点，从“对人类产生的影响力”来说，与其他历史性转折点相比，是具有压倒性影响力的事件。对人类几乎没有什么影响的事件，以我们人类的立场来看，自然就没什么意义。所以，太阳系与地球的诞生，使得地球最终变为一个适合生命体繁衍生息的星球这一历史性事件，在大历史的观点看来，是一个非常重要的历史性转折点。

我们之所以要了解宇宙，是因为我们生活在宇宙中的地球上。所以宇宙的历史，与我们自身、与全人类甚至所有的生命体都是息息相关的。因此，“地球如何成为生命的基地”这一问题，从对人类发展历史的影响方面来看，是一个非常核心的重要问题。地球最终能够成为一个适合生命体居住的星球，并不是在某一个瞬间一蹴而就的，也不是几个简单事件的发生就促成了的。它是无数个大事件在经历极其漫长的时间以后、在各种自然条件都具备了之后最终形成的。换言之，在未来的日子里，如果构成现有地球环境的这些条件哪怕有一个出了问题，那么地球就很可能成为一个不再宜居的星球了。幸运的是，这里所谓的“未来”，是在非常非常遥远的将来。

我们知道，宇宙并不是因为某个特定的目的才存在的。当然，即使里面真的藏有某种目的，我们目前也无法知道。宇宙只是这样自然而然地存在，并按照自然法则不断发展变化着。同样，地球是一个适合生命存在的基地，但它并没有主观上必须这样做的理由（至少从宇宙的角度来看是如此），虽然我们人类倒真的希望它会这么想。今天我们所生活的这个生命的基地为什么会产生？它又是怎样产生的？了解这些历史，就意味着人类又掌握了一个展望这个基地成长史的工具。仔细想想，从地球成为生命的基地那一刻起，它其实就变成了把宇宙历史与人类历史互相连接起来的桥梁。至于这个桥梁的真正价值及意义，就需要各位慢慢思考了，对吧？

毕竟，所谓的“意义”，其实还是由我们人类自身来决定的。

2014 年 1 月

金一先